普通高等教育"十三五"规划教材

地质工程测试技术实验

王 璐 主编

扫一扫，课件

北 京

冶金工业出版社

2021

内 容 提 要

　　本书针对地质工程对测试技术的应用要求，设计了信号分析及信号描述实验、应变测量实验、位移测量实验、振动测量实验、温度测量实验、转速测量实验以及其他物理量的测量实验。其目的是加深学生对测试技术的理解，可培养学生的动手实践能力和创新能力。

　　本书可作为大专院校地质工程专业的实验教材，也可供相关行业的工程技术人员参考。

图书在版编目(CIP)数据

　　地质工程测试技术实验/王璐主编 . —北京：冶金工业出版社，2021.1
　　普通高等教育"十三五"规划教材
　　ISBN 978-7-5024-8687-7

　　Ⅰ.①地…　Ⅱ.①王…　Ⅲ.①工程地质—测试技术—实验—高等学校—教材　Ⅳ.①P642-33

　　中国版本图书馆 CIP 数据核字(2021)第 017404 号

出 版 人　苏长永
地　　址　北京市东城区嵩祝院北巷 39 号　邮编　100009　电话　(010)64027926
网　　址　www.cnmip.com.cn　电子信箱　yjcbs@cnmip.com.cn
责任编辑　郭冬艳　美术编辑　郑小利　版式设计　禹　蕊
责任校对　葛新霞　责任印制　禹　蕊
ISBN 978-7-5024-8687-7
冶金工业出版社出版发行；各地新华书店经销；北京中恒海德彩色印刷有限公司印刷
2021 年 1 月第 1 版，2021 年 1 月第 1 次印刷
787mm×1092mm　1/16；7.5 印张；178 千字；107 页
39.00 元
冶金工业出版社　投稿电话　(010)64027932　投稿信箱　tougao@cnmip.com.cn
冶金工业出版社营销中心　电话　(010)64044283　传真　(010)64027893
冶金工业出版社天猫旗舰店　yjgycbs.tmall.com
　　　　　　　　(本书如有印装质量问题，本社营销中心负责退换)

前　言

随着地质工程"向地球深部进军"的提出，面向国家需求的自动化与智能化钻井方式成为发展趋势，地质工程参数的测量技术成为地质工程专业的重要发展方向。能够实时测量井下钻具的工作状态参数、井下地质参数、环境参数，已经成为地质工程专业学生必备的技能。在各大高校的地质工程专业对本科生的培养方案中，均包含有关测试技术的学科基础课程，主要讲授测试信号的描述方法、分析和处理，测试装置的动、静态特性的评价方法，常用传感器的工作原理及其特性，中间转换电路以及记录仪器的工作原理。但是课堂知识相对抽象，导致学生认识不足，无法建立课堂知识与实际应用的联系。因此，为地质工程专业的测试技术课程设置实验课程显得尤为重要。

本书依据地质工程中常用工程参数的测量需求，以杭州云创仪器设备有限公司生产的传感器试验仪器 YC-998 为试验设备，详细介绍了位移、应变、振动、温度、转速以及其他常用物理参数的测量方法，包括物理量的测量原理、测量步骤、测量电路的搭建、测量数据的分析等等。每个实验都包含了传感器、中间处理电路、显示模块等测试装置的基本组成部分。每个实验均需要学生自己连接电路，组装成完整的测试系统后才能完成测试工作。实验涉及了约20 种传感器，每种传感器都采用开放式或者透明式组装，比如差动式电容传感器，由两组定极板和一组动极板组成，学生做实验的时候，直接改变动极板的位置，不仅可以观察到差动式电容传感器的结构组成，还能加深对该传感器工作原理的理解，从而学会应用。实验涉及了大约 9 种中间调理电路，比如电桥，需要学生自己动手连接电路将电桥调节平衡，比如差动放大器，需要学生自己动手连接电路并调零，学生可以更加深刻地理解电路的工作原理与功能。显示模块有电压信号显示面板、电流信号显示面板、频率/转速显示面板，方便学生查看信号，另外，本书附录还介绍了数据采集显示软件的使用方法以及示波器的使用方法，可以让学生学会使用不同的信号显示工具、采用不同方式来查看信号。因此，本教材可以全面锻炼学生对"测试技术"的工程应用能力。

本书共分 7 章以及一个附录，第 1 章：信号分析及信号描述，介绍了利用

Matlab 进行信号分析和处理的初步方法。第 2 章：应变的测量，介绍了金属应变片和半导体应变片的应用，以及不同电桥电路的性能特征。第 3 章：位移的测量，介绍了电涡流传感器、霍尔传感器、电容传感器、光纤传感器、差动变压器测量位移的方法。第 4 章：振动的测量，介绍了压电式传感器、电涡流传感器、光纤传感器、差动变压器测量、应变片测量振动的方法。第 5 章：温度的测量，介绍了热电偶以及半导体温度传感器测量温度的方法。第 6 章：介绍了磁电式传感器、光电传感器、光纤传感器测量转速的方法。第 7 章介绍了压阻传感器测量压力的方法，电涡流传感器测量材质的方法、气敏传感器测量气体浓度的方法、湿敏传感器测量空气湿度的方法。附录中介绍了数据采集显示软件以及示波器的基本使用方法。

　　本书由王璐主编，刘宝林教授主审。参加编写的还有杨运强教授、杨甘生教授、胡远彪教授，感谢几位教授对本书提出的宝贵意见。本书的出版得到了中国地质大学（北京）2020 年度本科教育质量提升计划建设项目——本科教材建设项目（JCJS202002）的大力支持，在此深表谢意。感谢杭州云创仪器设备有限公司提供教学设备以及实验手册。

　　由于作者水平所限，书中疏漏之处，敬请广大读者批评指正，望同行专家不吝赐教。

作　者

2020 年 8 月

目　　录

0　绪　　论

0.1　地质工程专业测试技术实验课程的重要性

测试技术是集机械、电子、信息及控制等技术为一体的综合性技术学科，实践性强，涉及知识面广，并且在地质工程领域中应用非常广泛，是地质工程中必不可少的技术手段。对于地质工程专业的学生而言，掌握地质工程中常用物理参数的测量方法，是必须具备的能力。测试技术所涉及的定义、概念、传感器原理与应用、测试系统的性能评价方法、信号分析的基本原理与方法以及信号调理电路等知识可以在课堂上利用多媒体讲述，但是学习了如此多的基础知识之后，学生脑子中依然没有对测试技术有明确的认识，处于模糊状态。因此，实践教学内容在本门课程的学习中尤为重要。

通过实验课程，学生们可以仔细观察各个传感器的结构与组成，从而加深对传感器工作原理的理解与认识。学生自主搭建信号调理电路，从而加深对信号调理电路的认识和理解。学生利用显示设备，比如数码管显示、示波器、采集软件等采集数据，并且对数据进行处理分析，不仅加深了对信号的认识与理解，而且可以对测试系统的静态特性与动态特性进行定量评价。通过实验课程的学习，真正让学生将书本中的知识转化到实际应用中，可为本科生以后的学习和工作奠定基础。

地质工程学科是实践性很强的学科，而实践性教学环节在培养学生的科学思维、创新意识和提高学生的综合能力方面是课堂理论教学无法替代的。

0.2　地质工程专业测试技术实验课程的培养目标

地质工程学科的培养目标是培养学生知识、能力、素质各方面全面发展，让其成为系统掌握岩土钻掘工程、工程地质、基础工程等方面的基本理论、基本方法和基本技能，接受相关的工程训练，具有较强的可塑性和社会适应能力，可在资源勘查、城镇建设、土木水利、能源交通、国土防灾等各领域的勘查、设计、施工、管理单位从事工程地质勘查、地质灾害防治与地质环境保护、地质工程设计与施工、资源勘察与采掘、工程监理等工作的高级地质工程技术人才。

在此背景下，测试技术课程的培养目标是让学生适应科学技术进步和社会经济发展，使其具有优良思想素质、科学素质和人文素质，宽厚的地质工程测试技术知识，相应的应用能力和创新能力，面向智能地质装备系统从事测量方案的设计与应用研究的能力。具体分为以下几点能力：

（1）了解测试技术领域试验的常用工具、仪器、设备与试验方法，具有熟练使用相关工具，操作实验仪器的基本能力。

（2）具有利用测试设备、仪器进行采集、分析和处理实验数据和实验结果的能力。

（3）学会对实验结果进行分析并总结实验结论，不仅能够按照实验步骤完成实验，同时考虑现有实验方法与实验设备优缺点。

（4）能够针对某物理量进行测量方案的设计。根据实际应用需求，能够选用合适的传感器，以及相匹配的信号处理电路，并对信号进行分析与显示。

（5）能够利用测试技术相关知识，对测量方案以及测量系统的性能进行评价和改进，并且具有解决相关问题的能力。

总之，本课程的目的是培养和训练具有解决科学问题能力和综合实践能力的人才，而不是培养只会学习知识的学生。

0.3　地质工程专业测试技术实验课程的要求

（1）实验预习。在做实验之前，请认真预习实验指导书，了解实验目的，试验用仪器设备的结构及工作原理、实验操作步骤，复习与实验相关的理论知识。

（2）实验过程：

1）上课前做好签到。

2）做实验之前，检查实验仪器是否完好。

3）上电，开始实验，做实验时善于思考，注意观察实验现象。

4）准确记录实验数据。

5）实验完毕，关闭电源，检查实验仪器是否完好，并对仪器设备进行整理，恢复到原始状态。

（3）撰写实验报告。实验报告必须包含实验目的、实验仪器及其工作原理、实验步骤、实验原始数据以及实验数据分析结果，要图形结合，数据分析可以借助数据分析软件或工具。最后撰写实验结论以及实验心得。

0.4　地质工程专业测试技术实验课程的仪器设备

地质工程测试技术实验课程主要用到的仪器设备为杭州云创设备仪器公司生产的教学仪器——YC-998 系列传感器实验仪。该设备适用于不同类别、不同层次的大中专院校的教学需求，可用于"传感器原理""非电量电测技术""自动检测技术"和"机械工程测试技术基础"等课程的教学。实验仪集多种传感器、检测电路、信号源于一体，构思新颖，设计合理，功能较全。突出了教学仪器的特点，透明壳体的传感器、插入式单元电路，利于直观教学，便于维修使用，有益于学生独立进行实验，适合于培养开发型人才的需要。

YC-998 系列传感器实验仪主要由机壳、机头（传感器安装台）、显示面板、调理电路面板（传感器输出单元、传感器转换放大处理电路单元）等组成，如图 0-1 所示。

（1）机壳。机壳内部装有直流稳压电源、振荡信号板等。

（2）机头（传感器安装平台）。机头主要由悬臂双平行梁、振动台以及传感器组成。如图 0-2 所示。

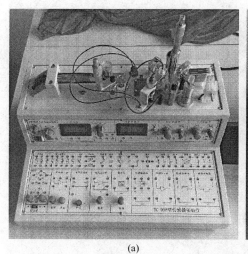
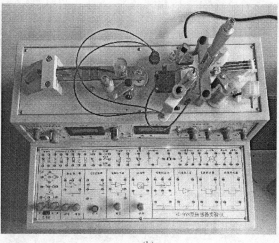

(a)   (b)

图 0-1 实验仪整体图

（a）侧视图；（b）俯视图

(a)

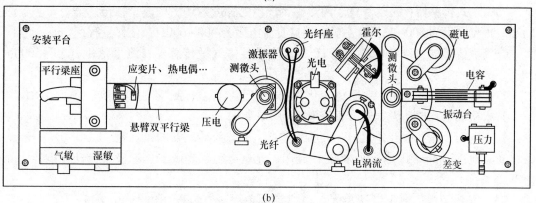

(b)

图 0-2 机头

（a）侧视图；（b）俯视图

1）悬臂双平行梁（应变梁）。在双平行梁的上、下梁片表面粘贴了应变片，封装了 PN 结、NTC R_T 热敏电阻、热电偶、加热器；在梁的自由端安装了压电传感器、激振器

（磁钢、激振线圈）和测微头。通过调节测微头，可以改变悬臂双平行梁的受力与位移，可用来做静态实验。

激振器用于激励悬臂双平行梁振动，做动态实验。

2）振动台。在振动台周围安装了光电转速传感器、电涡流传感器、光纤传感器、差动变压器、压阻式压力传感器、电容式传感器、磁电式传感器、霍尔式传感器；在振动台的下方安装了激振器（磁钢、激振线圈）；在振动台的上方安装了测微头。通过调节测微头，可以改变振动台的受力与位移，可用来做静态实验。

激振器用于激励振动台振动，做动态实验。

3）传感器性能指标。

①电阻应变片：电阻值 350Ω 左右；应变系数为 2。

②热电偶：直流电阻 10Ω 左右（由两个串接而成）；分度号为 T；冷端为环境温度。

③热敏电阻：NTC 半导体热敏电阻；25℃时为 $10k\Omega$ 左右。

④PN 结温度传感器：利用 1N4148 良好的温度线性电压特性；灵敏度为 $-2.1mV/℃$。

⑤压电加速度传感器：由压电陶瓷片和铜质量块构成；电荷灵敏度为 20pc/g。

⑥光电转速传感器：透射式光电耦合器（光电断续器）；TTL 电平输出。

⑦电涡流传感器：直流电阻为 $1\sim2\Omega$；位移量程 $\geqslant1mm$。

⑧光纤传感器：由半圆双 D 分布的多模光纤和光电变换座构成；位移量程 $\geqslant1mm$。

⑨差动变压器：一个初级线圈、二个次级线圈（自感式）和铁芯构成；三个线圈直流电阻分别为 $5\sim10\Omega$；音频为 $3\sim5kHz$、电压峰峰值为 $V_{p-p}=2V$ 激励；位移量程 $\geqslant\pm4mm$。

⑩压阻式压力传感器：$V_s^+-V_s^-$ 端直流电阻为 $4.7k\Omega$ 左右、$V_o^+-V_o^-$ 端直流电阻为 $7k\Omega$ 左右；4V 直流电源供电；量程为 20kPa。

⑪电容式传感器：由两组定片和一组动片构成差动变面积电容；量程 $\geqslant\pm2mm$。

⑫磁电式传感器：由线圈和动铁构成；直流电阻为 $30\sim40\Omega$；灵敏度为 500mV/$(m\cdot s^{-1})$。

⑬霍尔式传感器：霍尔片置于环形磁钢产生的梯度磁场中构成位移传感器；传感器激励端口直流电阻为 $800\sim1.5k\Omega$，输出端口直流电阻为 $400\sim600\Omega$；位移量程 $\geqslant1mm$。

⑭气敏传感器：酒精敏感型，TP-3 集体半导体气敏传感器；测量范围 $(50\sim500)\times10^{-6}$。

⑮湿敏传感器：电阻型，阻值变化为几千欧至几百欧；测量范围 $(30\%\sim90\%)RH$。

⑯激振线圈：振动激振器，直流电阻为 $30\sim40\Omega$。

⑰光电变换座：由红外发射、接收管构成，是光纤传感器的组件之一。

⑱其他：25mm 测微头、加热器；光源、光敏电阻、光敏二、三极管；硅光电池、光电开关。

（3）显示面板。由主电源单元、电机控制单元、直流稳压电源单元、F/V 表（电压表）单元、PC 口单元、电流表（频率/转速表）单元、音频振荡器单元、低频振荡器单元、$\pm15V$ 电源单元等组成，如图 0-3 所示。

1）线性直流稳压电源：

①$\pm2\sim\pm10V$ 分五挡步进调节输出，最大输出电流 1A，纹波 $\leqslant5mV$。

②$\pm15V$ 定电压输出，最大输出电流 1A，纹波 $\leqslant10mV$。

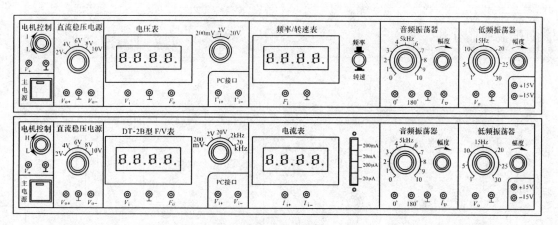

图 0-3 显示面板

2）显示表：

①三位半数字直流电压表：三挡量程（200mV、2V、20V）切换，精度 ±[（0.2%）+ 2 个字]。

②三位半数字直流 F/V（频率/电压）表：五挡（200mV、2V、20V、2kHz、20kHz）切换，精度 ±[（0.2%）+ 2 个字]。

③四位频率/转速数字表：频率-转速切换，频率量程 9999Hz，转速量程 5000r/min。

④三位半数字直流电流表：四挡量程（200mA、20mA、200μA、20μA）切换，精度 ±[（0.2%）+2个字]。

3）振荡信号：

①音频振荡器：频率 0.4~10kHz 连续可调输出，幅度 $20V_{p-p}$ 连续可调输出，两个输出相位 0°（L_v）、180°，L_v 端最大输出电流 0.5A。

②低频振荡器：频率 3~30Hz 连续可调输出，幅度 $20V_{p-p}$ 连续可调输出，最大输出电流 0.5A。

④PC 接口：最大允许输入电压 DC±10V。

（4）调理电路面板。由传感器输出单元、副电源、电桥、差动放大器、电容变换器、电压放大器、移相器、相敏检波器、电荷放大器、低通滤波器、涡流变换器等组成。如图 0-4 所示。

1）电桥：由电桥模型、电桥调平衡网络组成。组成直流电桥时作为应变片、热电阻的变换电路；组成交流电桥时作为调制器。

2）差动放大器：可接成同相、反相、差分放大器。通频带 0~10kHz，增益 1~101 倍可调。

3）电容变换器：差动式电容传感器的调理电路。由高频振荡器、放大器、二极管环形充放电电路组成。

4）电压放大器：同相输入放大器。通频带 0~10kHz，幅度最大时增益约为 6 倍。

5）移相器：移相范围≥20°，允许最大输入电压峰峰值为 $V_{p-p}=10V$。在解调电路中用于补偿信号的相位。

6）相敏检波器：由整形电路与电子开关电路构成的检波电路。允许最大输入检波信

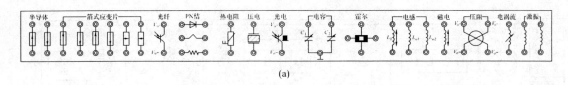

(a)

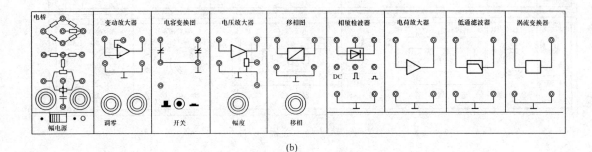

(b)

图 0-4　调理电路面板

（a）传感器输出单元；（b）调理电路单元

号峰峰值为 $V_{p-p} = 10V$，通频带 0~10kHz。

7）电荷放大器：电容反馈型放大器。用于放大压电传感器的输出信号。

8）低通滤波器：由 50Hz 的陷波器与低通 RC 滤波器构成。转折频传 35Hz 左右。

9）涡流变换器：涡流传感器的调理电路，涡流线圈是振荡电路中的电感元件之一，为变频调幅式电路。

（5）辅助设备。测微头组成和读数如图 0-5 所示。

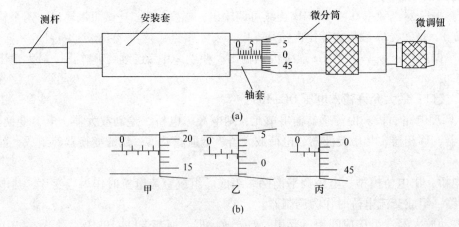

(a)

(b)

图 0-5　测微头组成与读数

（a）测微头组成；（b）测微头读数

1）测微头组成：测微头由不可动部分中的安装套（应变梁的测微头无安装套）、轴套和可动部分中的测杆、微分筒、微调钮组成。

2）测微头读数：测微头的安装套便于在支架座上固定安装，轴套上的主尺有两排刻度线，标有数字的是整毫米刻线（1mm/格），另一排是半毫米刻线（0.5mm/格）；微分筒前部圆周表面上刻有 50 等分的刻线（0.01mm/格）。

用手旋转微分筒或微调钮时，测杆就沿轴线方向进退。微分筒每转过 1 格，测杆沿轴方向移动微小位移 0.01mm，这也叫测微头的分度值。

测微头的读数方法是先读轴套主尺上露出的刻度数值，注意半毫米刻线；再读与主尺横线对准微分筒上的数值、可以估读 1/10 分度，如图 0-5（b）中甲读数为 3.678mm，不是 3.178mm；遇到微分筒边缘前端与主尺上某条刻线重合时，应看微分筒的示值是否过零线，如图 0-5（b）中乙已过零线则读 2.514mm；如图 0-5（b）中并未过零线，则不应读为 2mm，读数应为 1.980mm。

3）测微头使用：测微头在实验中是用来产生位移并指示出位移量的工具。一般测微头在使用前，首先转动微分筒到 10mm 处（为了保留测杆轴向前、后位移的余量），再将测微头轴套上的主尺横线面向自己安装到专用支架座上，移动测微头的安装套（测微头整体移动）使测杆与被测体连接并使被测体处于合适位置（视具体实验而定）时再拧紧支架座上的紧固螺钉。当转动测微头的微分筒时，被测体就会随测杆而位移。

（6）数据采集卡及处理软件。详见附件 1。

信号分析及信号描述

在生产实践和科学实验中，需要观测大量的现象及其参量的变化。这些变化可以通过测量装置将其变成容易测量、记录和分析的电信号。一个完整的测量装置或测试系统如图1-1所示。

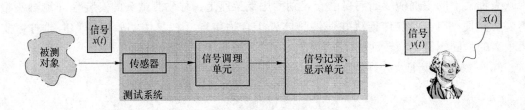

图 1-1 完整的测试系统

可见，测量系统的输入为信号，输出仍然为信号。测量工作者始终都在与信号打交道。一个信号包含反映被测系统的状态或特性的某些有用的信息，它是人们认识客观事物内在规律、研究事物之间的相互关系、预测未来发展的依据。信号通常用时间的函数来表述，该函数的图形称为信号的波形。信号是被测系统独有的语言，只有掌握了分析信号、描述信号的知识，才能解析信号中包含的有用信息，才能完成测试的工作。

信号有多种类，根据不同的特征也有很多分类方法，根据信号随时间变化的连续性，可以分为连续信号与离散信号；根据信号幅值和能量分类，信号可以分为能量信号与功率信号；根据信号沿时间轴演变的特性分类，信号可以分为确定性信号与不确定信号（随机信号）。确定性信号是可以用确定性的图形、曲线或明确数学关系式来完整地描述或预测其随时间演变情形的信号。确定性信号又包括周期信号与非周期信号，周期信号是按一定时间周而复始，重复出现，无始无终的信号，满足关系式 $x(t) = x(t + T)$，其中 T 为信号的周期。周期信号又分为简谐信号与多谐信号。简谐信号包含单一的频率成分，多谐信号包含多个乃至无穷多个频率成分。非周期信号包含准周期信号和瞬变信号。准周期信号与周期信号中的多谐信号非常相似，区别是准周期信号的频率分量中至少有两个分量的频率比是无理数，因此无法按照某一时间间隔周而复始重复出现。瞬态信号是在一定时间区间内存在，随时间的增长而衰减至零的信号。

不确定信号即随机信号，是无法用数学关系式或者图表描述其随时间变化关系的，具有不能被预测的特点，只能用概率统计方法进行特征描述的信号。根据随机信号统计特性的不同，可以分为平稳随机信号与非平稳随机信号。平稳随机信号指分布参数或者分布规律随时间不发生变化的随机信号，非平稳信号是指分布参数或者分布规律随时间发生变化的随机信号。

1.1 周期信号波形的合成和分解

1.1.1 实验目的

（1）学习使用 Matlab，学会用 Matlab 提供的函数对信号进行频谱分析。

（2）加深了解信号分析手段傅里叶变换的基本思想和物理意义。

（3）观察和分析由多个频率、幅值和相位成一定关系的正弦波叠加而成的合成波形。

（4）观察和分析频率、幅值相同，相位角不同的正弦波叠加而成的合成波形。

（5）通过本实验熟悉信号的合成、分解原理，了解信号频谱的含义。

1.1.2 实验原理

按傅里叶分析的原理，任何周期信号都可以用一组三角函数 $\sin(2\pi nf_0t)$、$\cos(2\pi nf_0t)$ 的组合表示，即

$$x(t) = a_0 + \sum_{n=1}^{\infty}(a_n\cos2\pi nf_0t + b_n\sin2\pi nf_0t) \qquad (n=1,2,3,\cdots) \qquad (1\text{-}1)$$

式中，常值分量：

a_0 为常值分量，$a_0 = \dfrac{1}{T_0}\displaystyle\int_{-T_0/2}^{T_0/2} x(t)\,\mathrm{d}t$；

a_n 为余弦分量幅值，$a_n = \dfrac{2}{T_0}\displaystyle\int_{-T_0/2}^{T_0/2} x(t)\cos n\omega_0t\,\mathrm{d}t$；

b_n 为正弦分量幅值，$b_n = \dfrac{2}{T_0}\displaystyle\int_{-T_0/2}^{T_0/2} x(t)\sin n\omega_0t\,\mathrm{d}t$。

也就是说，我们可以用一组正弦波和余弦波来合成任意形状的周期信号。对于典型的方波，其时域表达式为

$$x(t) = \begin{cases} -A, & \left(-\dfrac{T}{2} < t < 0\right) \\[2mm] A, & \left(0 < t < \dfrac{T}{2}\right) \end{cases} \qquad (1\text{-}2)$$

根据傅里叶变换，其三角函数展开式为

$$x(t) = \frac{4A}{\pi}\Big[\sin(2\pi f_0t) + \frac{1}{3}\sin(6\pi f_0t) + \frac{1}{5}\sin(10\pi f_0t) + \cdots\Big]$$

$$\qquad (1\text{-}3)$$

$$= \frac{4A}{\pi}\sum_{n=1}^{\infty}\frac{1}{n}\sin(2\pi nf_0t)$$

由此可见，周期方波是由一系列频率成分成谐波关系，幅值成一定比例的正弦波叠加合成的。

那么，我们在实验过程中就可以通过设计一组奇次谐波来完成方波的合成和分解过程，达到对课程教学相关内容加深了解的目的。

1.1.3 实验设备

设备：计算机。

软件：Matlab 软件。

1.1.4 实验内容

（1）用 Matlab 编程，绘出 7 次谐波叠加合成的方波波形图及幅值谱，如图 1-2 所示。

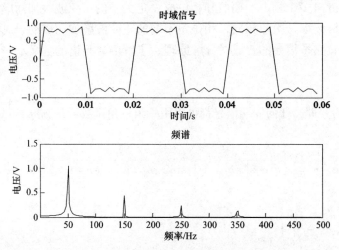

图 1-2　7 次谐波叠加合成的方波波形图及幅值谱

（2）用 Matlab 编程，绘出 14 次谐波叠加合成的方波波形图及幅值谱，比较由 7 次谐波叠加合成的方波波形图及幅值谱，有何异同。

（3）用 Matlab 编程，分别改变上述 7 次谐波中其中一项谐波的幅值，绘出合成波形及幅值谱。

（4）用 Matlab 编程，分别改变上述 7 次谐波中其中一项谐波的相位，绘出合成波形及幅值谱。

1.1.5 实验报告要求

（1）简述实验目的及原理。

（2）写出实验内容 1 与实验内容 2 的程序，比较两个实验结果，得出结论。

（3）写出实验内容 3 的程序，绘出其叠加合成波形图及其幅值谱，得出结论。

（4）写出实验内容 4 的程序，绘出其叠加合成波形图及其幅值谱，得出结论。

1.2　用 FFT 对信号进行频谱分析

1.2.1 实验目的

学习用 FFT 对连续信号和时域离散信号进行频谱分析的方法，了解可能出现的分析误差及其原因。

1.2.2 实验原理

用 FFT 对信号作频谱分析是学习数字信号处理的重要内容，经常需要分析的信号是模拟信号的时域离散信号。对信号进行频谱分析的重要问题是频谱分辨率和分析误差。频谱分辨率和 FFT 的变换区间 N 直接相关，因为 FFT 能够实现的频率分辨率是 $\dfrac{2\pi}{N}$。分析误差的来源主要是用 FFT 做频谱分析时，得到的是离散谱，而信号除了周期信号以外，都为连续谱。只有当 N 较大时，离散谱的包络才能逼近连续谱，因此 N 要适当地选择大一些。

1.2.3 实验设备

设备：计算机。

软件：Matlab 软件。

1.2.4 实验内容

（1）对以下序列进行频谱分析，n 为整数：

$$x_1(n) = \text{ones}_4(n)$$

$$x_2(n) = \begin{cases} n+1, & 0 \leq n \leq 3 \\ 8-n, & 4 \leq n \leq 7 \\ 0, & 其他\ n \end{cases}$$

$$x_3(n) = \begin{cases} 4-n, & 0 \leq n \leq 3 \\ n-3, & 4 \leq n \leq 7 \\ 0, & 其他\ n \end{cases}$$

选择 FFT 的变换区间 N 为 8 或者 16 两种情况进行频谱分析。分别用 Matlab 画出其幅频特性曲线，并进行对比，分析和讨论。

（2）对以下周期序列进行频谱分析，n 为整数：

$$x_4(n) = \cos\frac{\pi}{4}n$$

$$x_5(n) = \cos\frac{\pi}{4}n + \cos\frac{\pi}{8}n$$

选择 FFT 的变换区间 N 为 8 或者 16 两种情况进行频谱分析。分别用 Matlab 画出其幅频特性曲线，并进行对比，分析和讨论。

（3）对模拟信号进行频谱分析：

$$x_8(n) = \cos 8\pi t + \cos 16\pi t + \cos 20\pi t$$

选择采样频率为 $F_s = 64\text{Hz}$，对变化区间 $N = 16$，32，64 三种情况下进行频谱分析。分别用 Matlab 画出其幅频特性曲线，并进行对比，分析和讨论。

1.2.5 实验报告要求

写出 Matlab 程序，分析不同信号的频谱特点，总结使用 Matlab 对不同信号进行频谱分析的规律。

1.3　数字信号处理初步

1.3.1　实验目的

（1）学习使用 Matlab，学会用 Matlab 提供的函数对信号进行频谱分析。

（2）掌握采样定理。

（3）理解加窗对频谱分析的影响。

（4）理解量化误差对频谱分析的影响。

（5）掌握采样点数 N、采样频率 f_s、数据长度对频谱分析的作用。

1.3.2　实验设备

设备：计算机。

软件：Matlab。

1.3.3　实验原理

数字信号处理首先把一个连续变化的模拟信号转化为数字信号，然后由计算机处理，从中提取有关的信息。信号数字化过程包含着一系列步骤，每一步骤都可以引起信号和其蕴含信息的失真。例如一个模拟信号 $x(t)$，傅里叶变换为 $X(f)$，为了利用数字计算机来计算，必须将 $x(t)$ 变换成有限长度的离散时间序列。为此，必须对 $x(t)$ 进行采样与截断。

（1）采样与采样定理。采样就是用一个等时距的周期脉冲序列 $s(t, T_s)$，也称为采样函数，去乘以 $x(t)$，$s(t, T_s)$ 的时距 T_s 称为采样周期或采样间隔，$f_s = 1/T_s$ 称为采样频率。采样间隔的选择是个重要的问题，若采样间隔太小（采样频率过高），则对定长的时间记录来说其数字序列就很长，计算工作量增大。若采样间隔太大，则可能丢掉有用信息，出现频谱混叠。如果要求不出现频谱混叠，应使采样频率 f_s 大于信号 $x(t)$ 中最高信号频率 f_{max} 的两倍，即

$$f_s \geqslant 2f_{max} \tag{1-4}$$

（2）量化与量化误差。采样所得的离散信号的电压幅值，若用二进制数码组来表示，就使离散信号变成数字信号，这一过程称为量化。量化是从一组有限个离散电平中取一个近似代表采样点信号的实际幅值电平。这些离散电平成为量化电平，每个量化电平对应一个二进制数码。

事实上，A-D 转换器的位数是一定的。一个 b 位的二进制数，共有 $L = 2^b$ 个数码。如果 A-D 转换器允许动态工作范围为 D（如 ±5V 或者 0 ~ 10V），则两相邻量化电平之间的差 Δx 为

$$\Delta x = \frac{D}{2^{b-1}} \tag{1-5}$$

式中采用 2^{b-1} 而不是 2^b，是因为实际上字长的第一位用作符号位。

当离散信号采样值 $x(n)$ 的电平落在两个相邻量化电平之间时，就要舍入到相近的一个量化电平上。该量化电平与信号实际电平之间的差值成为量化误差 $\varepsilon(n)$。量化误差的

最大值为 $\pm\dfrac{\Delta x}{2}=\pm\dfrac{D}{2^b}$，可见，A-D 转换器位数越高，量化误差越小。但是 A-D 转换器的位数选择应视信号的具体情况和量化的精度要求而定，位数增多后，成本显著增加，转换速率也随之下降。

（3）截断与泄露。由于计算机智能进行有限长序列的运算，所以必须从采样后信号的时间序列截取有限长的一段来计算，其余部分视为零而不予考虑。这等于把采样信号乘上一个矩形窗函数，窗宽为 T。所截取的时间序列数据点数 $N=T/T_s$，N 也称为时间序列长度。信号被窗函数截断后，信号的能量在频率轴分布拓展的现象称为泄露。这是截断时窗函数选择不当带来的误差。

（4）频率采样与栅栏效应。经过时域采样与截断后，获得的时间序列的频谱在频域是连续的。如果要用数字描述频谱，这就意味着要对获得的时间序列进行频率离散化。频率离散化即实行频率采样，频率采样与时域采样相似，即在频域中用脉冲序列乘以信号的频谱函数。无论是频率采样还是时域采样，实质上就是"摘取"采样点上对应的函数值。其效果犹如透过栅栏的缝隙观看外景一样，只有落在缝隙前的少数风景被看到，其余景象都被栅栏挡住，视为零。这种现象称为栅栏效应。不管是时域采样还是频率采样，都会出现栅栏效应，但是时域采样有采样定理的约束，栅栏效应影响不大。但是对于频率采样，栅栏效应则影响颇大，"挡住"或丢失的频率成分有可能是重要的或具有特征的成分，以至于整个处理失去了意义。

1.3.4 实验内容

（1）画出 $x(t)=3\sin(2\pi ft)+7\sin(10\pi ft)+12\sin(15\pi ft)$ 的幅值谱图（$f=50\mathrm{Hz}$）。

（2）用 Matlab 设计程序，能形象地验证离散傅里叶变换中的 4 个重要问题：

1）采样定理。

① $f_s\geqslant 2f_{max}$，其频谱不失真，$f_s<2f_{max}$ 其频谱失真。

② $f_s\geqslant 2f_{max}$（工程中常用 $f_s\geqslant(3\sim4)f_{max}$），可从频域中不失真恢复原时域信号。

2）加窗、截断。

① 信号截断后，其频谱会产生泄漏，出现"假频"。

② 信号截断后，降低了频率分辨率。

③ 采用适当的窗函数后，可以减少泄露和提高频率分辨率。

3）量化误差。对信号 $x(t)=\sin(2\pi ft)$ 进行采样，$f_s=1000\mathrm{Hz}$，采集 $N=64$ 点。用 3、8 位量化器量化信号每点的幅值，画出原始波形和量化后的信号波形，得出结论。

4）栅栏效应。如何才能提高频率分辨率？采样点数 N、采样频率 f_s 起何作用？用例子说明。

1.3.5 实验报告要求

（1）用 A4 纸按标准的格式写出实验报告。

（2）实验内容 1 的 Matlab 程序和幅值频谱图。

（3）实验内容 2 的设计原理、Matlab 程序和实验结果图形。

（4）实验感想和提出改进意见。

2　应变的测量

在机械工程中，应变和力的测量非常重要，通过这些测量可以分析零件或者结构的受力状态及工作状态的可靠性程度，验证设计或者计算结果的正确性，确定整机在实际工作时的负载情况等。由于这些量是研究某些物理现象机理的重要参考指标，因此它对发展设计理论，保证设备的安全运行，以及实现自动检测，自动控制等都具有重要意义。而且其他与应变、力有密切关系的量，如应力、功率、扭矩、力矩、压力等，其测量方法与应变和力的测量也有共同之处，多数情况下可先将其转变为应变或力的测试，然后再转换成诸如功率、压力等物理量。

应变测量在工程中常见的测量方法之一是应变电测法，它通过电阻应变片先测出构建表面的应变，再根据应力 应变的关系式来确定构建表面应力状态。这种分析方法的主要特点是测量精度高，变换后得到的电信号可以很方便地进行传输和各种变换处理，并可进行连续的测量和记录或直接和计算机数据处理系统相连接。

应变电测法的测量系统主要由电阻应变片、测量电路、显示与记录仪器或计算机等设备组成，如图 2-1 所示。

图 2-1　应变测试系统框图

应变电测法测试的基本原理是：把所有使用的应变片按构件的受力情况，合理地粘贴在被测构件变形的位置上，当构件受力产生变形时，应变片敏感栅也随之变形，敏感栅的电阻值也就发生相应的变化。其变化量的大小与构件变形成一定的比例关系，通过测量电路（如电阻应变测量装置）转换为与应变成比例的模拟信号，经过分析处理，最后得到受力后的应力、应变值或其他的物理量。因此任何物理量只要能设法转变为应变，都可以利用应变片进行间接测量。

由于应变片粘贴于试件后，所感受的是试件表面的拉应变或压应变，应变片的布置和电桥的连接方式应根据测量的目的、对载荷分布的估计而定，这样才能便于利用电桥的和差特性达到只测出所需测的应变而排出其他因素的干扰。例如测量复合载荷作用下的应变，就需要应用应变片的布置和接桥方法来消除互相影响的因素，因此，布片和接桥应符合以下原则：

（1）在分析构件受力的基础上，选择主应力最大点为贴片位置。

（2）充分合理地应用电桥和差特性，只使需要测的应变影响电桥的输出，且有足够的灵敏度和线性度。

（3）使实际贴片位置的应变与外载荷呈线性关系。

应变片是应变测试中最重要的传感器，应根据试件的测试要求及状况、试验环境等因素来选择和粘贴应变片。首先，应变片的选择应该从满足测试精度、所测应变的性质等方面考虑。其次，试验环境对应变测试的影响主要是通过温度、湿度等因素起作用，因此选用具有温度自动补偿功能的应变片显得十分重要。最后，应变片的粘贴是应变式传感器或直接用应变片作为传感器的成败关键，粘贴工艺及黏合剂的选择必须根据应变片基底材料及测试环境等条件决定。

2.1 应变片单臂特性实验

2.1.1 实验目的

（1）掌握电阻应变片的工作原理与应用。

（2）掌握应变片的测量电路——电桥电路的原理与特征。

2.1.2 基本原理

电阻应变式传感器是在弹性元件上通过特定工艺粘贴电阻应变片来组成。其中的一种是利用电阻材料的应变效应将工程结构件的内部变形转换为电阻变化的传感器，此类传感器主要是通过一定的机械装置将被测量转化成弹性元件的变形，然后由电阻应变片将变形转换成电阻的变化，再通过测量电路将电阻的变化转换成电压或电流变化信号输出。电阻应变式传感器可用于能转化成变形的各种非电物理量的检测，如力、压力、加速度、力矩、质量等，在机械加工、计量、建筑测量等行业应用十分广泛。

（1）应变片的电阻应变效应。

所谓电阻应变效应是指具有规则外形的金属导体或半导体材料在外力作用下产生应变而其电阻值也会产生相应地改变，这一物理现象称为"电阻应变效应"。以圆柱形导体为例：设其长为 L、半径为 r、材料的电阻率为 ρ 时，根据电阻的定义式得

$$R = \rho \frac{L}{A} = \rho \frac{L}{\pi \cdot r^2} \tag{2-1}$$

当导体因某种原因产生应变时，其长度 L、截面积 A 和电阻率 ρ 的变化为 $\mathrm{d}L$、$\mathrm{d}A$、$\mathrm{d}\rho$ 相应的电阻变化为 $\mathrm{d}R$。对式（2-1）全微分得电阻变化率 $\mathrm{d}R/R$ 为

$$\frac{\mathrm{d}R}{R} = \frac{\mathrm{d}L}{L} - 2\frac{\mathrm{d}r}{r} + \frac{\mathrm{d}\rho}{\rho} \tag{2-2}$$

式中，$\dfrac{\mathrm{d}L}{L}$ 为导体的轴向应变量 ε_L；$\dfrac{\mathrm{d}r}{r}$ 为导体的横向应变量 ε_r。由材料力学得

$$\varepsilon_L = -\varepsilon_r \tag{2-3}$$

将式（2-3）代入式（2-2）得

$$\frac{\mathrm{d}R}{R} = (1 + 2\mu)\varepsilon + \frac{\mathrm{d}\rho}{\rho} \tag{2-4}$$

式中，μ 为材料的泊松比，大多数金属材料的泊松比为 $0.3 \sim 0.5$，负号表示两者的变化方向相反。

式（2-4）说明电阻应变效应主要取决于它的几何应变（几何效应）和本身特有的导电性能（压阻效应）。

（2）应变灵敏度。它是指电阻应变片在单位应变作用下所产生的电阻的相对变化量。

1）金属导体的应变灵敏度 K：主要取决于其几何效应，可取：

$$\frac{\mathrm{d}R}{R} \approx (1 + 2\mu)\varepsilon_\mathrm{L} \tag{2-5}$$

其灵敏度系数为

$$K = \frac{\mathrm{d}R}{\varepsilon_\mathrm{L}R} = 1 + 2\mu \tag{2-6}$$

金属导体在受到应变作用时将产生电阻的变化，拉伸时电阻增大，压缩时电阻减小，且与其轴向应变成正比。金属导体的电阻应变灵敏度一般在 2 左右。

2）半导体的应变灵敏度：主要取决于其压阻效应；$\frac{\mathrm{d}R}{R} \approx \frac{\mathrm{d}\rho}{\rho}$。半导体材料之所以具有较大的电阻变化率，是因为它有远比金属导体显著得多的压阻效应。在半导体受力变形时会暂时改变晶体结构的对称性，因而改变了半导体的导电机理，使得它的电阻率发生变化，这种物理现象称之为半导体的压阻效应。且不同材质的半导体材料在不同受力条件下产生的压阻效应不同，可以是正（使电阻增大）的或负（使电阻减小）的压阻效应。也就是说，同样是拉伸变形，不同材质的半导体将得到完全相反的电阻变化效果。

半导体材料的电阻应变效应主要体现为压阻效应，可正可负，与材料性质和应变方向有关，其灵敏度系数较大，一般在 100~200。

3）贴片式应变片应用。在贴片式工艺的传感器上普遍应用金属箔式应变片，贴片式半导体应变片（温漂、稳定性、线性度不好而且易损坏）很少应用。一般半导体应变采用 N 型单晶硅为传感器的弹性元件，在它上面直接蒸镀扩散出半导体电阻应变薄膜（扩散出敏感栅），制成扩散型压阻式（压阻效应）传感器。本实验以金属箔式应变片为研究对象。

4）箔式应变片的基本结构。应变片是在用苯酚、环氧树脂等绝缘材料的基板上，粘贴直径为 0.025mm 左右的金属丝或金属箔制成，如图 2-2 所示。

金属箔式应变片就是通过光刻、腐蚀等工艺制成的应变敏感元件，与丝式应变片工作原理相同。电阻丝在外力作用下发生机械变形时，其电阻值发生变化，这就是电阻应变效应，描述电阻应变效应的关系式为

$$\frac{\Delta R}{R} = K\varepsilon \tag{2-7}$$

式中，$\Delta R/R$ 为电阻丝电阻相对变化；K 为应变灵敏系数；$\varepsilon = \Delta L/L$ 为电阻丝长度相对变化。

5）测量电路。为了将电阻应变式传感器的电阻变化转换成电压或电流信号，在应用中一般采用电桥电路作为其测量电路。电桥电路具有结构简单、灵敏度高、测量范围宽、线性度好且易实现温度补偿等优点。能较好地满足各种应变测量要求，因此在应变测量中得到了广泛的应用。电桥电路按其工作方式分有单臂、双臂和全桥三种，单臂工作输出信号最小，线性、稳定性较差；双臂输出是单臂的两倍，性能比单臂有所改善；全桥工作时的输出是单臂时的四倍，性能最好。因此，为了得到较大的输出电压信号一般都采用双臂或全桥工作。基本电路如图 2-3（a）、（b）、（c）所示。

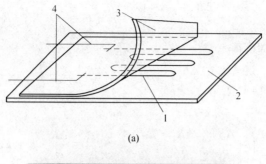

(a)

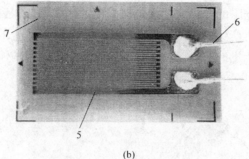

(b)

图 2-2　应变片结构图

（a）丝式应变片；（b）箔式应变片

1—电阻丝（敏感栅）；2—基片；3—覆盖绝缘层；4—引出线；5—金属箔；6—引出线；7—基片及覆盖绝缘层

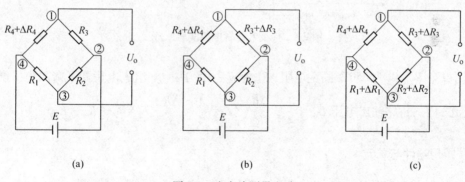

(a)　　　　　　　　　　(b)　　　　　　　　　　(c)

图 2-3　应变片测量电路

（a）单臂；（b）半桥；（c）全桥

单臂：

$$U_o = U_1 - U_3 = \left(\frac{R_4 + \Delta R_4}{R_3 + R_4 + \Delta R_4} - \frac{R_1}{R_1 + R_2} \right) E$$

$$= \left[\frac{(R_4 + \Delta R_4)(R_1 + R_2) - R_1(R_3 + R_4 + \Delta R_4)}{(R_3 + R_4 + \Delta R_4)(R_1 + R_2)} \right] E \quad (2\text{-}8)$$

设 $R_1 = R_2 = R_3 = R_4 = R$，且 $\dfrac{\Delta R_4}{R_4} = \dfrac{\Delta R}{R} \ll 1$，$\dfrac{\Delta R}{R} = K\varepsilon$，则

$$U_o = \frac{1}{4} \cdot \frac{\Delta R_4}{R_4} \cdot E = \frac{1}{4} \cdot \frac{\Delta R}{R} \cdot E = \frac{1}{4} \cdot K\varepsilon \cdot E \qquad (2\text{-}9)$$

双臂（半桥）。同理可得

$$U_o = \frac{1}{4}\left(\frac{\Delta R_4}{R_4} - \frac{\Delta R_3}{R_3}\right) \cdot E = \frac{1}{2} \cdot \frac{\Delta R}{R} \cdot E = \frac{1}{2} \cdot K\varepsilon \cdot E \qquad (2\text{-}10)$$

全桥。同理可得

$$U_o = \frac{1}{4}\left(-\frac{\Delta R_1}{R_1} + \frac{\Delta R_2}{R_2} - \frac{\Delta R_3}{R_3} + \frac{\Delta R_4}{R_4}\right) = \frac{\Delta R}{R} \cdot E = K\varepsilon \cdot E \qquad (2\text{-}11)$$

由此可得电桥桥臂电阻的变化对输出电压变化的影响规律，即电桥的和差特性。对于相邻桥臂，电阻的变化所产生的输出电压为该两桥臂各阻值产生的输出电压之差；对于相对桥臂，电阻的变化所产生的输出电压为该两桥臂各阻值产生的输出电压之和。

6）箔式应变片单臂电桥实验原理图（见图 2-4）。

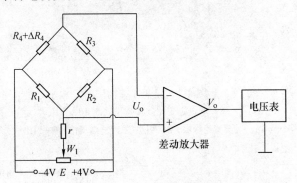

图 2-4   应变片单臂电桥实验原理

图中 R_1、R_2、R_3 为 350Ω 固定电阻；R_4 为应变片；W_1 和 r 组成电桥调平衡网络，供桥电源为直流 ±4V。桥路输出电压 $U_o = \frac{1}{4} \cdot \frac{\Delta R_4}{R_4} \cdot E = \frac{1}{4} \cdot \frac{\Delta R}{R} \cdot E = \frac{1}{4} \cdot K\varepsilon \cdot E$。

2.1.3   需用器件与单元

机头中的应变梁的应变片、测微头；显示面板中的 F/V 表（或电压表）、±2～±10V 步进可调直流稳压电源；调理电路面板中传感器输出单元中的箔式应变片、调理电路单元中的电桥、差动放大器；$4\frac{1}{2}$ 位数显万用表。

2.1.4   需用器件与单元介绍

图 2-5 所示为调理电路面板中的电桥单元。图中菱形虚框为无实体的电桥模型（为实验者组桥参考而设，无其他实际意义）；

$R_1 = R_2 = R_3 = 350Ω$，是固定电阻，为组成单臂应变和半桥应变而配备的其他桥臂电阻；

W_1 电位器、r 电阻为电桥直流调节平衡网络；W_2 电位器、C 电容为电桥交流调节平衡网络。

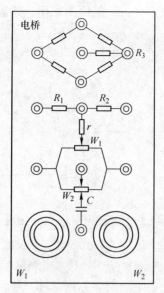

图 2-5　调理电路面板中的电桥单元

图 2-6 为差动放大器原理图与调理电路中的差动放大器单元面板图。图 2-6 （a） 中 A 为差动放大器。

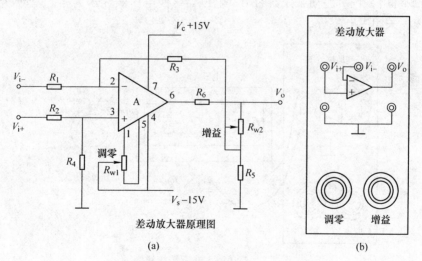

差动放大器原理图

(a)

(b)

图 2-6　差动放大器原理与面板图
（a）差动放大器原理图；（b）差动放大器面板图

2.1.5　实验步骤

（1）在应变梁自然状态（不受力）的情况下，用 $4\frac{1}{2}$ 位数显万用表 2kΩ 电阻挡测量所有应变片阻值，每个应变片的阻值应该显示 350Ω 左右，如果没有显示阻值，则应变片损坏，无法实现测量。在应变梁受力状态（用手压、提梁的自由端）的情况下，测应变片阻值，观察一下应变片阻值变化情况（标有上下箭头的 4 片应变片纵向受力阻值有变化；

标有左右箭头的两片应变片横向不受力，阻值无变化，是温度补偿片）。如图 2-7 所示。

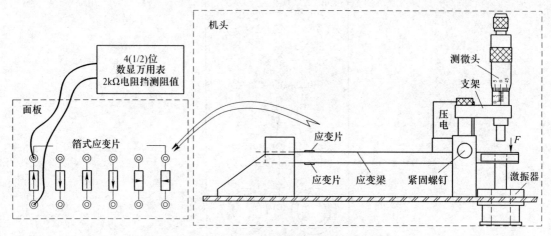

图 2-7　观察应变片阻值变化情况示意图

（2）差动放大器调零点：按图 2-8 示意接线。将 F/V 表（或电压表）的量程切换开关切换到 2V 挡，合上主、副电源开关，将差动放大器的增益电位器按顺时针方向轻轻转到底后再逆向回转一点点（放大器的增益为最大。回转一点点的目的：电位器触点在根部估计会接触不良），调节差动放大器的调零电位器，使电压表显示为零。差动放大器的零点调节完成，关闭主电源。

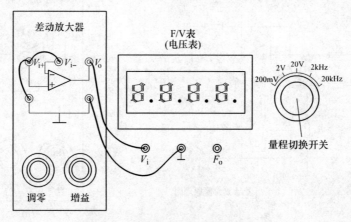

图 2-8　差动放大器调零接线图

（3）应变片单臂电桥特性实验：

①将 ±2～±10V 步进可调直流稳压电源切换到 4V 挡，将主板上传感器输出单元中的箔式应变片（标有上下箭头的 4 片应变片中任意一片为工作片）与电桥单元中 R_1、R_2、R_3 组成电桥电路，电桥的其中一对角接 ±4V 直流电源，另一对角作为电桥的输出接差动放大器的两输入端，将 W_1 电位器、r 电阻直流调节平衡网络接入电桥中（W_1 电位器两固定端接电桥的 ±4V 电源端、W_1 的活动端 r 电阻接电桥的输出端），如图 2-9 所示接线（粗细曲线为连接线）。

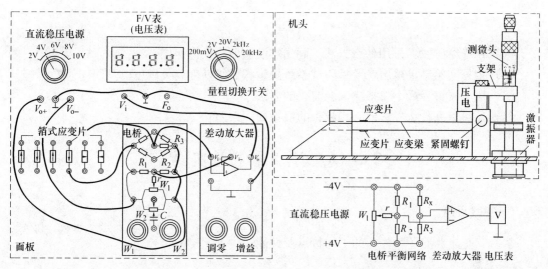

图 2-9 应变片单臂电桥特性实验原理图与接线示意图

②检查接线无误后合上主电源开关，当机头上应变梁自由端的测微头离开自由端（梁处于自然状态，如图 2-9 机头所示）时调节电桥的直流调节平衡网络 W_1 电位器，使电压表显示为 0 或接近 0。

③在测微头吸合梁的自由端前调节测微头的微分筒，使测微头的读数为 10mm 左右（测微头微分筒的 0 刻度线与测微头轴套的 10mm 刻度线对准）；再松开测微头支架轴套的紧固螺钉，调节测微头支架高度使梁吸合后进一步调节支架高度，同时观察电压表显示绝对值尽量为最小时固定测微头支架高度（拧紧紧固螺钉，如图 2-9 机头所示）。仔细微调测微头的微分筒使电压表显示值为 0（梁不受力处于自然状态），这时的测微头刻度线位置作为梁位移的相对 0 位位移点。首先确定某个方向位移，以后每调节测微头的微分筒一周产生 0.5mm 位移，根据表 2-1 位移数据依次增加 0.5mm 并读取相应的电压值填入表中；然后反方向调节测微头的微分筒使电压表显示 0V（这时测微头微分筒的刻度线不在原来的 0 位位移点位置上，是由于测微头存在机械回程差，以电压表的 0V 为标准作为 0 位位移点并取固定的相对位移 ΔX 消除机械回程差），再根据表 2-1 位移数据依次反方向增加 0.5mm 并读取相应的电压值填入表中。

表 2-1 应变片单臂电桥特性实验数据

位移/mm	−8.0	…	−1.0	−0.5	0	+0.5	+1.0	…	+8.0
电压/mV									

注：调节测微头要仔细，微分筒每转一周 $\Delta X = 0.5$mm；如调节过量再回调，则产生回程差。

④根据表 2-1 数据画出实验曲线并计算灵敏度 $S = \Delta V / \Delta X$（ΔV 为输出电压变化量，ΔX 为位移变化量）和非线性误差 δ（用最小二乘法）

$$\delta = \frac{\Delta m}{yFS} \times 100\%$$

式中 Δm 为输出值（多次测量时为平均值）与拟合直线的最大偏差；yFS 为满量程输出平均值，此处为相对总位移量。实验完毕，关闭电源。

2.1.6 思考题

（1）ΔR 转换成 ΔV 采用什么方法？画出本实验所用的电路图。
（2）根据实验结果得出应变片测试系统的量程、线性度、灵敏度以及回程误差？
（3）用公式解释最小二乘法拟合曲线的方法。
（4）还可以用什么方法消除测微头的机械回程误差？

2.2　应变片半桥特性实验

2.2.1 实验目的

掌握应变片半桥（双臂）的工作特点及性能。

2.2.2 基本原理

应变片基本原理参阅应变片单臂特性试验。应变片半桥特性实验原理如图 2-10 所示。不同受力方向的两片应变片（上、下两片梁的应变片应力方向不同）接入电桥作为邻边，输出灵敏度提高，非线性得到改善。其桥路输出电压为

$$U_\text{o} = \frac{1}{2} \cdot \frac{\Delta R}{R} \cdot E = \frac{1}{2} \cdot K\varepsilon \cdot E \tag{2-12}$$

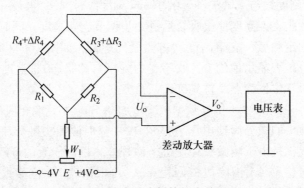

图 2-10　应变片半桥特性实验原理

2.2.3 需用器件与单元

机头中的应变梁的应变片、测微头；显示面板中的 F/V 表（或电压表）、$\pm 2 \sim \pm 10\text{V}$ 步进可调直流稳压电源；调理电路面板中传感器输出单元中的箔式应变片、调理电路单元中的电桥、差动放大器。

2.2.4 实验步骤

实验接线按图 2-11 接线，即电桥单元中 R_1、R_2 与相邻的两片应变片组成电桥电路。其余实验步骤和实验数据处理方法与实验 2.1（应变片单臂特性实验）完全相同（注意，

只改变电桥电路，不要改变放大电路的增益）。实验完毕，关闭电源。

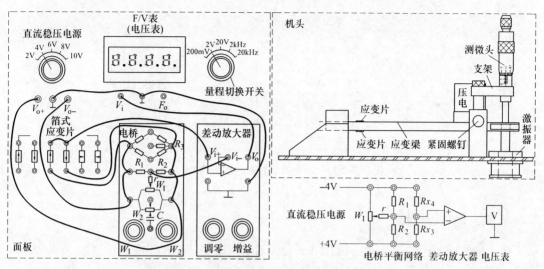

图 2-11 应变片半桥实验原理图与接线示意图

2.2.5 思考题

（1）根据实验数据，得到半桥单臂电桥的灵敏度与非线性度。

（2）半桥测量时两片不同受力状态的电阻应变片（面板中相邻的两个应变片）接入电桥时，应接在对边还是邻边，为什么？

（3）有人发现半桥双臂电桥灵敏度不够，于是试图在工作电桥上增加电阻应变片数以提高灵敏度，用实验测试下列情况下是否可提高灵敏度，并说明为什么？

1）半桥双臂各串联一片。

2）半桥双臂各并联一片。

2.3 应变片全桥特性实验

2.3.1 实验目的

掌握应变片全桥工作特点及性能。

2.3.2 基本原理

应变片基本原理参阅应变片单臂特性实验。应变片全桥特性实验原理如图 2-12 所示。应变片全桥测量电路中，将受力方向相同的两应变片接入电桥对边，相反的应变片接入电桥邻边。当应变片初始阻值：$R_1 = R_2 = R_3 = R_4$，其变化值 $\Delta R_1 = \Delta R_2 = \Delta R_3 = \Delta R_4$ 时，其桥路输出电压 $U_o \approx \dfrac{\Delta R}{R} \cdot E = K\varepsilon \cdot E$。其输出灵敏度比半桥又提高了一倍，非线性得到改善。

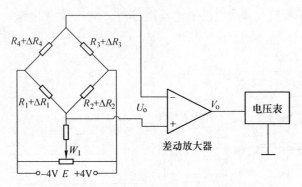

图 2-12　应变片全桥特性实验原理

2.3.3　需用器件和单元

机头中的应变梁的应变片、测微头；显示面板中的 F/V 表（或电压表）、±2～±10V步进可调直流稳压电源；调理电路面板中传感器输出单元中的箔式应变片、调理电路单元中的电桥、差动放大器。

2.3.4　实验步骤

实验接线按图 2-13 示意接线，四片应变片组成电桥电路外。其余实验步骤和实验数据处理方法与实验 2.1（应变片单臂特性实验）完全相同（注意，只改变电桥电路，不要改变放大电路的增益）。实验完毕，关闭电源。

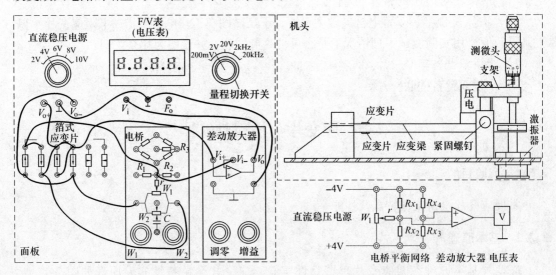

图 2-13　应变片全桥特性实验原理图与接线示意图

2.3.5　思考题

（1）是否必须将受力方向相同的两应变片接入电桥对边，相反的应变片接入电桥邻边？为什么？

（2）画出实验所用电路的原理图，并将电路中的元件与面板中的元件对应起来。

（3）根据实验数据，得到全桥电路输出的灵敏度与非线性度。

（4）根据实验 2.1～实验 2.3 所得的结果进行单臂、半桥和全桥输出的灵敏度和非线性度分析比较，实验结果必须是在实验 2.1～实验 2.3 中放大器的增益相同的情况下进行比较。

2.4 应变片的温度影响实验

2.4.1 实验目的

了解温度对应变片测试系统的影响机理。

2.4.2 基本原理

由温度引起应变片电阻变化的原因主要有两个：一是敏感栅的电阻值随温度的变化而改变，即电阻温度效应；二是由于敏感栅和试件线膨胀系数不同而产生的电阻变化。

消除温度误差的办法是进行温度补偿，消除误差的方式主要有三种：温度自补偿法、桥路补偿法和热敏电阻补偿法。温度自补偿法是通过精心选配敏感栅材料与结构参数来实现温度补偿；桥路补偿法是利用电桥的和差特性来达到补偿的目的；热敏电阻补偿法是使电桥的输入电压随温度升高而增加，从而提高电桥的输出电压。

本实验采用单臂电桥电路，保持悬臂梁受力情况不变的情况下，对测试应变片进行加热，观察电桥输出电压，分析温度对应变片的影响。

2.4.3 需用器件与单元

机头中的应变梁的应变片、加热器；显示面板中的 F/V 表（或电压表）、±2～±10V 步进可调直流稳压电源、−15V 电源；调理电路面板中传感器输出单元中的箔式应变片、加热器；调理电路单元中的电桥、差动放大器。

2.4.4 实验步骤

（1）按实验 2.1 应变片单臂特性实验步骤进行实验。调节测微头使梁的自由端产生较大位移（如实验 2.1 表 2-1 中绝对值最大位移处）时读取记录电压表的显示值为 U_{o1}，并且继续保留此状态不变。

（2）将显示面板中的−15V 电源与调理电路面板中传感器输出单元中的加热器相连，使加热器对应变片加热，如图 2-14 所示。待数分钟后数显表电压显示基本稳定，记下读数 U_{ot}，则 $U_{ot} - U_{o1}$ 即为温度变化的影响。计算这一温度变化产生的相对误差：

$$\delta = \frac{U_{ot} - U_{o1}}{U_{o1}} \times 100\%$$

实验完毕，关闭电源。

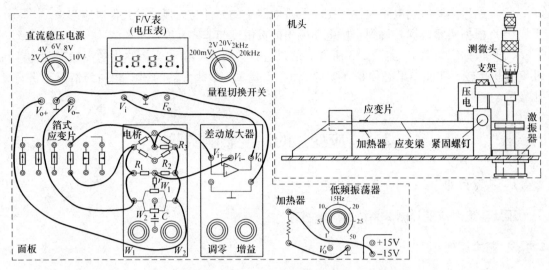

图 2-14　应变片温度影响实验

2.4.5　思考题

（1）在对应变片加热之前，为什么要让悬臂梁产生较大位移？

（2）应变片受温度影响的原因，怎么消除温度误差？

2.5　应变片温度补偿实验

2.5.1　实验目的

了解温度对应变片测试系统的影响及补偿方法。

2.5.2　基本原理

由实验 2.4 应变片的温度影响实验可知温度的变化对应变片具有影响。当两片完全相同的应变片处于同一温度场时，由温度的影响产生的应变是相同的。利用电桥电路的和差特性，对于相邻桥臂，电阻的变化所产生的输出电压为该两桥臂各阻值产生的输出电压之差，可以达到温度补偿的效果。因此，将实验 2.3 中的 R_3 换成温度补偿应变片并与固定电阻 R_1、R_2 组成电桥半桥双臂（相邻）测量电路，从理论上来说就能消除温度的影响。

2.5.3　需用器件与单元

机头中的应变梁的应变片、加热器；显示面板中的 F/V 表（或电压表）、±2～±10V 步进可调直流稳压电源、−15V 电源；调理电路面板中传感器输出单元中的箔式应变片、加热器；调理电路单元中的电桥、差动放大器。

2.5.4　实验步骤

温度补偿实验接线如图 2-15 所示。与 2.1 小节的区别是用带横向箭头的补偿应变片替换桥路中的固定电阻 R_3，实验操作步骤按照 2.1 小节的操作步骤进行。实验完毕，关闭电源。

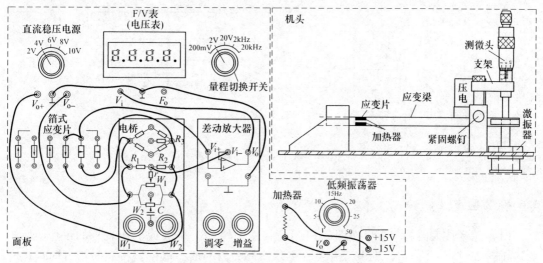

图 2-15　应变片温度补偿实验接线图

2.5.5　思考题

（1）比较实验 2.1～实验 2.5 的结果，实验 2.5 是否实现了温度补偿的功能。

（2）为什么选择带横向箭头的应变片作为温度补偿片，而不选用带有同方向箭头的纵向应变片？

2.6　应变直流全桥的应用——电子秤实验

2.6.1　实验目的

（1）了解电子秤的工作原理。

（2）了解应变直流全桥的应用。

（3）了解标定的概念及电路标定的方法。

2.6.2　基本原理

常用的称重传感器就是应用了箔式应变片及其全桥测量电路。数字电子秤实验原理如图 2-16 所示。本实验只做放大器输出 V_o 实验，通过对电路的标定使电路输出的电压值为质量对应值，电压量纲（V）改为质量量纲（g）即成为一台原始电子秤。

2.6.3　需用器件与单元

机头中的应变梁的应变片；显示面板中的 F/V 表（或电压表）、±2～±10V 步进可调直流稳压电源；调理电路面板传感器输出单元中的箔式应变片；调理电路单元中的电桥、差动放大器；砝码（20g/只）。

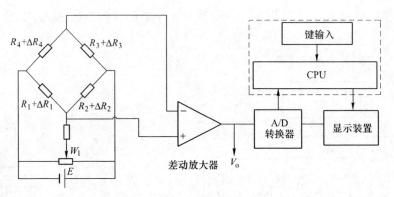

图 2-16 数字电子称原理框图

2.6.4 实验步骤

（1）差动放大器调零点：按图 2-17 示意接线。将 F/V 表（或电压表）的量程切换开关切换到 2V 挡，合上主、副电源开关，将差动放大器的增益电位器按顺时针方向轻轻轻转到底后再逆向回转一点点（放大器的增益为最大，回转一点点的目的：电位器触点在根部估计会接触不良），调节差动放大器的调零电位器，使电压表显示电压为零。差动放大器的零点调节完成，关闭主电源。

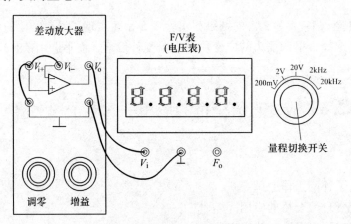

图 2-17 差动放大器调零接线图

（2）将 ±2～±10V 步进可调直流稳压电源切换到 4V 挡，按图 2-18 接线，检查接线无误后合上主电源开关。在梁的自由端无砝码时，调节电桥中的 W_1 电位器，使数显表显示为 0.000V。将 10 只砝码全部置于梁的自由端上（尽量放在中心点），调节差动放大器的增益电位器，使数显表显示为 0.200V（2V 挡测量）或 -0.200V。

（3）拿去梁的自由端上所有砝码，如数显电压表不显示 0.000V 则调节差动放大器的调零电位器，使数显表显示为 0.000V。再将 10 只砝码全部置于振动台上（尽量放在中心点），调节差动放大器的增益电位器，使数显表显示为 0.200V（2V 挡测量）或 -0.200V。

（4）重复步骤（3）的标定过程，一直到误差较小为止，把电压量纲 V 改为质量量纲 g，就可以称重，成为一台原始的电子秤。

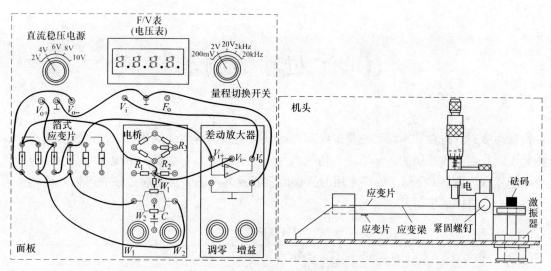

图 2-18　电子秤实验接线示意图

（5）把砝码依次放在梁的自由端上，并依次记录质量和电压数据填入表 2-2。

表 2-2　电子秤实验数据

质量/g										
电压/mV										

（6）根据数据画出实验曲线，计算误差与线性度。

（7）实验完毕，关闭电源。

2.6.5　思考题

（1）什么是标定？

（2）标定后你的电子秤的灵敏度与非线性误差是多少？

3 位移的测量

位移测量是线位移和角位移测量的统称。测量时应根据具体的测量对象，来选择或设计测量系统。在组成系统的各环节中，传感器性能特点的差异对测量的影响最为突出，应给予特别注意。表 3-1 介绍了一些常用的位移传感器及其性能特点，通过该表可以对位移传感器有一个总体的了解。

表 3-1 位移传感器

类　型		测量范围	精确度	特　　征
滑线变阻器	线位移	$1 \sim 300mm$	$\pm 0.1\%$	结构简单、使用方便、输出信号大、性能稳定
	角位移	$0° \sim 360°$	$\pm 0.1\%$	分辨力较低、输出信号噪声大、不宜高动态测量
电阻应变片	直线式	$\pm 250\mu m$	$\pm 2\%$	结构牢固、性能稳定、动态特性好
	摆角式	$\pm 12°$		
电感式	变气隙型	$\pm 0.2mm$		结构简单、可靠，仅适用于小位移测量的场合
	差动变压器	$0.08 \sim 300mm$	$\pm 3\%$	分辨力高，输出大，但是动态特性不是很好
	电涡流型	$0 \sim 5000\mu m$	$\pm 3\%$	非接触式测位移，使用简便、灵敏度高、动态特性好
电容式	变面积型	$10^{-3} \sim 100mm$	$\pm 10^{-5}$	结构非常简单，动态特性好，易受温度、湿度等影响
	变极距型	$0.01 \sim 200\mu m$	$\pm 0.1\%$	同变面积型，但是分辨力高，线性范围小
霍尔传感器		$\pm 1.5mm$	$\pm 0.5\%$	结构简单，动态特性好，温度稳定性差
计量光栅	长光栅	$10^{-3} \sim$ 几米	$3\mu m/1m$	数字式，测量精度高，适合大位移静动态测量，用于自动检测和数控机床
	圆光栅	$0° \sim 360°$	$\pm 0.5°$	
角度编码器	接触式	$0° \sim 360°$	10^{-6} rad	分辨力高，可靠性高
	光电式	$0° \sim 360°$	10^{-8} rad	

由于在不同场合下对位移测量的精度要求不同，位移参量本身的量值特征、频率特征不同，自然地形成了多种多样的位移传感器及其相应的测量电路或系统。

3.1 电涡流传感器测位移实验

3.1.1 实验目的

（1）掌握电涡流传感器测量位移的工作原理。

（2）了解电涡流传感器测量位移的特性。

（3）学会用电涡流传感器设计位移测量系统。

3.1.2 基本原理

电涡流传感器是常用的非接触测量传感器，能准确测量被测金属导体与探头端面之间静态和动态的相对位移变化，具有动态特性好、线性度高、分辨力高的优点。广泛应用于高速旋转机械和往复运动机械状态分析与振动研究中，可以非接触的测量转子振动转台的多种参数，如轴向的径向振动、振幅以及轴向位置。由于可非接触测量，电涡流传感器可靠性好，寿命长，再加上其测量范围宽、灵敏度高、分辨力高等优点，在大型旋转机械状态的在线监测与故障诊断中得到广泛应用。

电涡流式传感器的工作原理是涡流效应。电涡流式传感器由传感器线圈和被测物体（金属导体）组成，如图 3-1 所示。根据电磁感应原理，当传感器线圈（一个扁平线圈）通以交变电流（频率较高，一般为 $1 \sim 2 \mathrm{MHz}$）I_1 时，线圈周围空间会产生交变磁场 H_1，当线圈平面靠近某一导体面时，由于线圈磁通链穿过导体，使导体的表面层感应出呈旋涡状自行闭合的电流 I_2，而 I_2 所形成的磁通链又穿过传感器线圈，这样线圈与涡流"线圈"形成了有一定耦合的互感，最终原线圈反馈一等效电感，从而导致传感器线圈的阻抗 Z 发生变化。我们可以把被测导体上形成的电涡等效成一个短路环，这样就可得到如图 3-2 的等效电路。图中 R_1、L_1 为传感器线圈的电阻和电感。短路环可以认为是一匝短路线圈，其电阻为 R_2、电感为 L_2。线圈与导体间存在一个互感 M，它随线圈与导体间距的减小而增大。

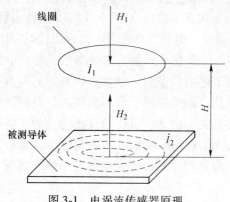

图 3-1 电涡流传感器原理

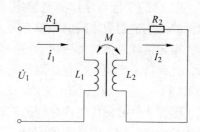

图 3-2 电涡流传感器等效电路

根据等效电路可列出电路方程组

$$\begin{cases} R_2 I_2 + j\omega L_2 I_2 - j\omega M I_1 = 0 \\ R_1 I_1 + j\omega L_1 I_1 - j\omega M I_2 = U_1 \end{cases} \tag{3-1}$$

通过解方程组，可得 I_1、I_2：

$$\begin{cases} I_1 = \cfrac{U_1}{R_1 + \cfrac{\omega^2 M^2}{R_2^2 + (\omega L_2)^2} R_2 + j\left[\omega L_1 - \cfrac{\omega^2 M^2}{R_2^2 + (\omega L_2)^2} \omega L_2\right]} \\ I_2 = \cfrac{M\omega^2 L_2 I_1 + j\omega M R_2 I_1}{R_2^2 + (\omega L_2)^2} \end{cases} \tag{3-2}$$

因此传感器线圈的复阻抗为

$$Z = \frac{U_1}{I_1} = \left[R_1 + \frac{\omega^2 M^2}{R_2^2 + (\omega L_2)^2} R_2\right] + j\left[\omega L_1 - \frac{\omega^2 M^2}{R_2^2 + (\omega L_2)^2} \omega L_2\right] \tag{3-3}$$

线圈的等效电感为

$$L = L_1 - L_2 \frac{\omega^2 M^2}{R_2^2 + (\omega L_2)^2} \tag{3-4}$$

线圈的等效品质因数 Q 值为

$$Q = Q_0 \left\{ \frac{1 - \cfrac{L_2 \omega^2 M^2}{L_1 Z_2^2}}{1 + \cfrac{R_2 \omega^2 M^2}{R_1 Z_2^2}} \right\} \tag{3-5}$$

式中，Q_0 为无涡流影响下线圈的 Q 值，$Q_0 = \dfrac{\omega L_1}{R_1}$；$Z_2^2$ 为金属导体中产生电涡流部分的阻抗，$Z_2^2 = R_2^2 + (\omega L_2)^2$。

由式（3-3）~式（3-5）可以看出，线圈与金属导体系统的阻抗 Z、电感 L 和品质因数 Q 值都是该系统互感系数 M 平方的函数。从麦克斯韦互感系数的基本公式出发，可得互感系数是线圈与金属导体间距离 x 的非线性函数。因此 Z、L、Q 均是 x 的非线性函数。虽然整个函数是非线性的，其函数特征为"S"型曲线，但可以选取它近似为线性的一段。其实 Z、L、Q 的变化与导体的电导率、磁导率、几何形状、线圈的几何参数、激励电流频率以及线圈到被测导体间的距离有关。如果控制上述参数中的一个参数改变，而其余参数不变，则阻抗就成为这个变化参数的单值函数。当电涡流线圈、金属涡流片以及激励源确定后，并保持环境温度不变，阻抗则只与距离 x 有关。由此，可以通过传感器的调理电路（前置器）处理，将线圈阻抗 Z、L、Q 的变化转化成电压或电流的变化输出。输出信号的大小随探头到被测体表面之间的间距而变化，电涡流传感器就是根据这一原理实现对金属物体的位移、振动等参数的测量。

为实现电涡流位移测量，必须有一个专用的测量电路。这一测量电路（称之为前置器，也称电涡流变换器）应包括具有一定频率的稳定的振荡器和一个检波电路等。电涡流位移特性实验原理如图 3-3 所示。

根据电涡流传感器的基本原理，将传感器与被测体间的距离变换为传感器的 Q 值、等效阻抗 Z 和等效电感 L 三个参数，用相应的测量电路（前置器）来测量。

本实验的涡流变换器为变频调幅式测量电路，电路原理与面板如图 3-4 所示。

电路组成：

（1）Q_1、C_1、C_2、C_3 组成电容三点式振荡器，产生频率为 1MHz 左右的正弦载波信

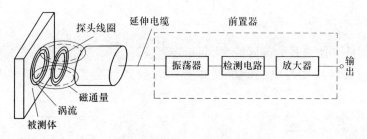

图 3-3　电涡流位移特性实验原理

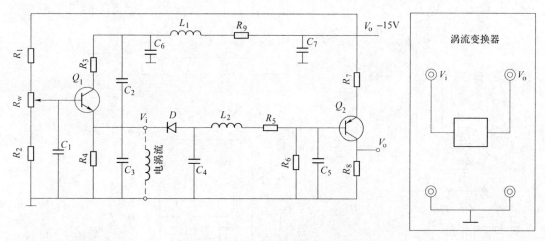

图 3-4　电涡流变换器电路原理与面板

号。电涡流传感器接在振荡回路中，传感器线圈是振荡回路的一个电感元件。振荡器的作用是将位移变化引起的振荡回路的 Q 值变化转换成高频载波信号的幅值变化。

（2）D_1、C_5、L_2、C_6 组成了由二极管和 LC 形成的 π 形滤波的检波器。检波器的作用是将高频调幅信号中传感器检测到的低频信号取出来。

（3）Q_2 组成射极跟随器。射极跟随器的作用是输入、输出匹配以获得尽可能大的不失真输出的幅度值。

电涡流传感器是通过传感器端部线圈与被测物体（导电体）间的间隙变化来测物体的振动相对位移量和静位移的，它与被测物之间没有直接的机械接触，具有很宽的使用频率范围（从 0~10Hz）。当无被测导体时，振荡器回路谐振频率为 f_0，传感器端部线圈 Q_0 为定值且最高，对应的检波器输出电压 V_0 最大。当被测导体接近传感器线圈时，线圈 Q 值发生变化，振荡器的谐振频率发生变化，谐振曲线变得平坦，检波器输出的幅值 V_0 变小。V_0 变化反映了位移 x 的变化。电涡流传感器在位移、振动、转速、探伤、厚度测量上得到广泛应用。

3.1.3　需用器件与单元

机头中的振动台、测微头、电涡流传感器、被测体（振动台铁圆盘）；显示面板中的 F/V 表（或电压表）；调理电路面板传感器输出单元中的电涡流、调理电路面板中的涡流变换器；示波器。

3.1.4 实验步骤

（1）调节测微头初始位置的刻度值为 5mm 处，松开电涡流传感器的安装轴套紧固螺钉，调整电涡流传感器高度与电涡流检测片相贴时拧紧轴套紧固螺钉并按图 3-5 示意接线。

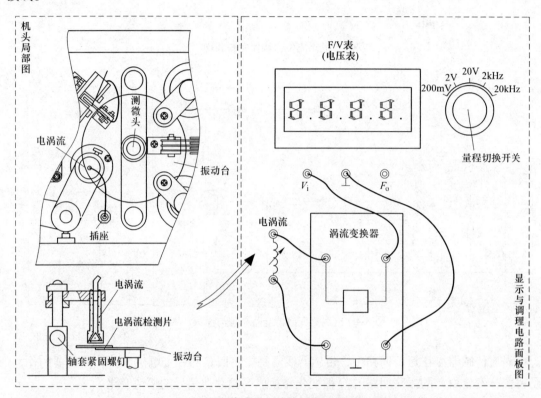

图 3-5 电涡流传感器位移特性实验接线示意图

（2）将电压表（F/V 表）量程切换开关切换到 20V 挡，检查接线无误后合上主、副电源开关（在涡流变换器输入端可接示波器观测振荡波形），记下电压表读数，然后逆时针调节测微头微分筒每隔 0.1mm 读一个数，直到输出 V_o 变化很小为止并将数据列入表 3-2。

表 3-2 电涡流传感器位移 X 与输出电压 V_o 数据

X/mm									
V_o/V									

（3）根据表 3-2 数据作出 V-X 实验曲线。在实验曲线上截取线性较好的区域作为传感器的位移量程计算灵敏度和线性度（可用最小二乘法或其他拟合直线）。

（4）测试量程范围内传感器的迟滞误差。

（5）实验完毕，关闭所有电源。

3.1.5 实验报告的要求

（1）做出电压位移（*V-X*）曲线。

（2）分析电涡流传感器的静态特性，比如量程、灵敏度、线性度、迟滞特性等。

（3）考虑电涡流传感器的静态特性与哪些因素有关，比如被测材质、被测体面积、被测体表面平整度等因素，并设计实验进行验证。

（4）总结电涡流传感器的特征，并思考在地质工程领域的应用。

3.2 线性霍尔式传感器测位移实验

3.2.1 实验目的

（1）掌握霍尔式传感器的工作原理及应用。

（2）掌握霍尔式传感器测量位移的特征。

3.2.2 基本原理

霍尔式传感器是一种磁敏传感器，基于霍尔效应原理而工作的。霍尔效应是具有载流子的半导体或金属导体同时处在电场和磁场中而产生电势的一种现象。如图3-6所示，把一块宽为 b，厚为 d 的导电板放在磁感应强度为 B 的磁场中，并在导电板中通以电流 I，此时在板的横向两侧面 A 与 A' 之间就呈现出一定的电势差，这一现象称为霍尔效应。所产生的电势差 U_H 称霍尔电压或者霍尔电势。

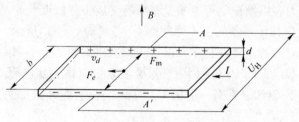

图 3-6　霍尔效应原理

霍尔效应可以用洛伦兹力与电场力来解释。在磁场中，电子以速度 v 运动，则电子受到的洛伦兹力为

$$F_L = qvB \tag{3-6}$$

电子在受到洛伦兹力的情况下发生偏转，聚集在半导体的 A' 面，同时 A 面也感应出同量的正电荷。电荷的聚积必将产生静电场，即为霍尔电场 E_H，该静电场对电子的作用力为 F_E 与洛伦兹力方向相反，将阻止电子继续偏转，其大小为

$$F_E = qE_H = q\frac{U_H}{b} \tag{3-7}$$

式中，U_H 为霍尔电势。

当电荷受到的洛伦兹力与霍尔电场力平衡时 $F_L = F_E$，电子累计达到动平衡，此时产生

霍尔电动势：

$$qvB = q\frac{U_{\mathrm{H}}}{b}$$

即 $$U_{\mathrm{H}} = Bbv \tag{3-8}$$

由于电流强度 I 与载流子浓度的关系为 $I = -nbdve$，n 为载流子浓度，e 为电子电荷量。

可以得到霍尔电势的表达式为

$$U_{\mathrm{H}} = -\frac{BI}{nde} = -R_{\mathrm{H}}\frac{BI}{d} = K_{\mathrm{H}}IB \tag{3-9}$$

式中，$R_{\mathrm{H}} = -\dfrac{1}{ne}$ 为半导体本身载流子浓度 n 决定的物理常数，称为霍尔系数；$K_{\mathrm{H}} = \dfrac{R_{\mathrm{H}}}{d}$ 为霍尔元件的灵敏度系数，与材料的物理性质和几何尺寸有关。

具有霍尔效应的元件称为霍尔元件，它将被测量的磁场变化或者电流的变化转换成电动势输出，从而实现对变化磁场或者变化电场的测量。霍尔元件大多采用 N 型半导体材料，因为金属材料中自由电子浓度 n 很高，因此 R_{H} 很小，使输出 U_{H} 极小，金属材料不宜做霍尔元件。为了提高霍尔元件的灵敏度，霍尔元件的厚底 d 越薄越好。因此霍尔元件的厚度一般为 $1\mu\mathrm{m}$ 左右。

霍尔传感器有霍尔元件和集成霍尔传感器两种类型。集成霍尔传感器是把霍尔元件、放大器等做在一个芯片上的集成电路型结构，与霍尔元件相比，它具有微型化、灵敏度高、可靠性高、寿命长、功耗低、负载能力强以及使用方便等优点。

本实验采用的霍尔式位移传感器是由线性霍尔元件、两只半圆形永久磁钢组成，其他很多物理量如力、压力、机械振动等本质上都可转变成位移的变化来测量，测量位移的分辨率为 1mm。霍尔式位移传感器的工作原理如图 3-7（a）、（b）所示。将磁场强度相同的两只永久磁钢极性相对放置，线性霍尔元件置于两块磁钢间的上下中点，磁感应强度为 0，设这个位置为位移的零点，即 $X=0$，因磁感应强度 $B=0$，故输出电压 $U_{\mathrm{H}}=0$。当霍尔元件沿 x 轴有位移时，由于 $B\neq 0$，则有一电压 U_{H} 输出，U_{H} 经差动放大器放大输出为 V。V 与 B、B 与 X 有一一对应的线性关系。

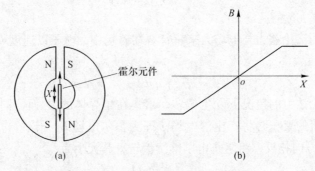

图 3-7 霍尔式位移传感器工作原理

（a）工作原理；（b）B-X 的线性关系

线性霍尔位移传感器的实验电路原理如图 3-8 所示。图中 W_1 是调节霍尔片的不定位电势，所谓不定位电势：$B=0$ 时，$U_H \neq 0$。

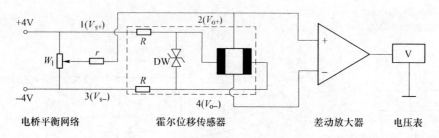

图 3-8 霍尔式位移传感器实验电路原理

注意：线性霍尔元件有四个引线端。涂黑两端 $1(V_{s+})$、$3(V_{s-})$ 是电源输入激励端，另外两端 $2(V_{o+})$、$4(V_{o-})$ 是输出端。接线时，电源输入激励端与输出端千万不能颠倒，否则霍尔元件要损坏。

3.2.3 需用器件与单元

机头中的振动台、测微头、霍尔位移传感器；显示面板中的 F/V 表（或电压表）、±2～±10V 步进可调直流稳压电源；调理电路面板传感器输出单元中的霍尔；调理电路单元中的电桥、差动放大器。

3.2.4 实验步骤

（1）差动放大器调零：按图 3-9 示意接线，电压表（F/V 表）量程切换开关打到 2V 挡，检查接线无误后合上主、副电源开关。将差动放大器的增益电位器顺时针方向缓慢转到底，再逆时针回转一点点（防止电位器的可调触点在极限端点位置接触不良）；调节差动放大器的调零电位，使电压表显示为 0。关闭主电源。

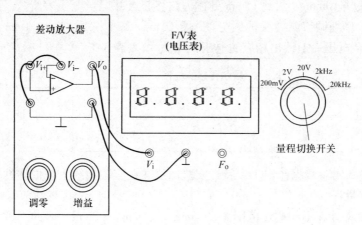

图 3-9 差动放大器调零接线图

（2）在振动台与测微头吸合的情况下，调节测微头到 10mm 处使振动台上的霍尔片大约处在两块磁钢间的上、下中点位置（目测）。将±2～±10V 步进可调直流稳压电源切换到 4V 挡，再按 3-10 示意图接线，将差动放大器的增益电位器逆时针方向缓慢转到底（增益

38 ——

最小）。检查接线无误后合上主电源开关，仔细调节电桥单元中的 W_1 电位器，使电压表显示 0V。

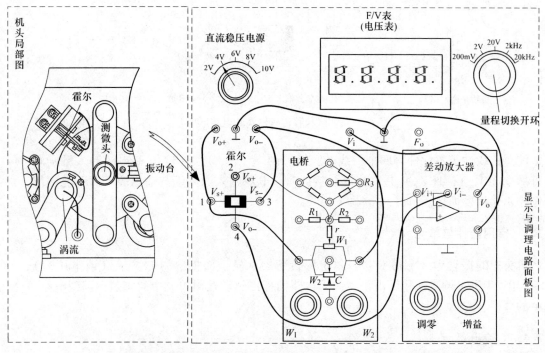

图 3-10 线性霍尔传感器（直流激励）位移特性实验接线示意图

注意：线性霍尔元件有四个引线端。涂黑两端 1(V_{s+})、3(V_{s-}) 是电源输入激励端，另外两个 2(V_{o+})、4(V_{o-}) 是输出端。接线时，电源输入激励端与输出端千万不能颠倒，否则霍尔元件要损坏。

（3）将测微头从 10mm 处调到 15mm 处作为位移起点并记录电压表读数。之后，反方向（顺时针方向）仔细调节测微头的微分筒（0.01mm/每小格）$\Delta X = 0.1$mm（实验总位移从 15~10mm）从电压表上读出相应的电压 V_o 值，填入表 3-3。

表 3-3 霍尔传感器位移实验数据

X/mm										
V_o/V										

（4）根据表 3-3 实验数据作出 V-X 特性实验曲线，在实验曲线上截取线性较好的区域作为传感器的位移量程。

（5）分析曲线，计算不同测量范围（±0.5mm、±1mm、±2mm）时的灵敏度和非线性误差。实验完毕，关闭电源。

3.2.5 实验报告的要求

（1）做出电压-位移（V-X）曲线。

（2）分析霍尔传感器的静态特性，比如量程、灵敏度、线性度、迟滞特性等。

（3）思考霍尔传感器的优点。

（4）使用霍尔传感器测量位移的前提条件是什么？

3.3 光纤传感器测位移实验

3.3.1 实验目的

（1）了解光纤位移传感器结构和性能。

（2）了解光纤传感器测量位移的工作原理。

3.3.2 基本原理

光纤传感器是利用光纤的特性研制而成的传感器。光纤具有很多优异的性能，例如：径细、质软、重量轻的机械性能；绝缘、无感应、抗电磁干扰和原子辐射的电气性能；耐水、耐高温、耐腐蚀的化学性能等。因此，它能在很多恶劣环境中执行测量任务，代替人类进行无法亲自测量的工作。比如在对人类健康有害的地方（如核辐射区、高温区）进行测量，以及测量人类感官无法感受的外界信息。

光纤传感器在工作原理上与传统的传感器有很多大区别。光纤传感器是一种将被测对象的状态转变为可测的光信号的传感器。光纤传感器的工作原理是将光源入射的光束经由光纤送入调制器，在调制器内与外界被测参数相互作用，使光的光学性质如光的强度、波长、频率、相位、偏振态等发生变化，成为被调制的光信号，再经过光纤送入光电器件、经解调器后获得被测参数。整个过程中，光束经由光纤导入，通过调制器后再射出，其中光纤的作用首先是传输光束，其次是起到光调制器的作用。

光纤传感器主要分为两类：功能型光纤传感器及非功能型光纤传感器（也称为物性型和结构型）。功能型光纤传感器利用对外界信息具有敏感能力和检测功能的光纤，构成"传"和"感"合为一体的传感器。这里光纤不仅起传光的作用，而且还起敏感作用。工作时利用检测量去改变描述光束的一些基本参数，如光的强度、相位、偏振、频率等，它们的改变反映了被测量的变化。由于对光信号的检测通常使用光电二极管等光电元件，所以光的那些参数的变化，最终都要被光接收器接收并被转换成光强度及相位的变化。这些变化经信号处理后，就可得到被测的物理量。应用光纤传感器的这种特性可以实现力、压力、温度等物理参数的测量。非功能型光纤传感器主要是利用光纤对光的传输作用，由其他敏感元件与光纤信息传输回路组成测试系统，光纤在此仅起传输作用。

本实验采用的是传光型光纤位移传感器，它由两束光纤混合后，组成 Y 形光纤，半圆分布即双 D 分布，一束光纤端部与光源相接发射光束，另一束端部与光电转换器相接接收光束。两光束混合后的端部是工作端亦称探头，它与被测体相距 d，由光源发出的光纤传到端部射出后再经被测体反射回来，另一束光纤接收光信号由光电转换器转换成电量，如图 3-11 所示。

传光型光纤传感器位移测量是根据传送光纤的光场与接收端之光纤交叉地方视景做决定。当光纤探头与被测物接触或零间隙时（$d=0$），则全部传输光量直接被反射至传输光

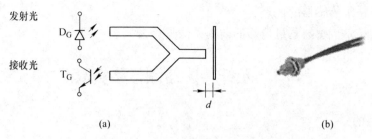

图 3-11   Y 形光纤测位移工作原理

（a）光纤测位移工作原理；（b）Y 形光纤

纤。没有提供光给接收端光纤，输出信号便为"零"。当探头与被测物距离增加时，接收端之光纤接收的光量也越多，输出信号便增大，当探头与被测物距离增加到一定值时，接收端光纤全部被照明为止，此时也被称之为"光峰值"。达到光峰值之后，探针与被测物之距离继续增加时，将造成反射光扩散或超过接收端接收视野。使得输出的信号与测量距离成反比例关系。如图 3-12 曲线所示，在光峰值之前，$V\text{-}d$ 的斜率较大，灵敏度较高，线性度较好，因此在使用光纤位移传感器时，一般都选用线性范围较好的前坡为测试区域。

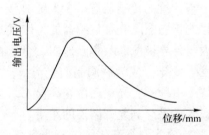

图 3-12   光纤位移特性曲线

3.3.3   器件与单元

机头中的振动台、被测体（铁圆片抛光反射面）、Y 形光纤探头、光纤座（光电变换）、测微头；显示面板中的 F/V 表；调理电路面板传感器输出单元中的光纤；调理电路单元中的差动放大器。

3.3.4   实验步骤

（1）按图 3-13 示意安装、接线：

1）在振动台上安装被测体（铁圆片抛光反射面），在振动台与测微头吸合的情况下调节测微头到 10mm 处。

2）安装光纤：安装光纤时，要用手抓捏两根光纤尾部的包铁部分轻轻插入光纤座中，绝对不能用手抓捏光纤的黑色包皮部分进行插拔，插入时不要过分用力，以免损坏光纤座组件中光电管。将光纤探头支架安装轴插入轴套中，调节光纤探头支架，当光纤探头自由贴住振动台的被测体反射面时拧紧轴套的紧固螺钉。

3）再按图 3-13 示意接线。将光纤传感器的输出信号接入差动放大器进行信号放大，将差动放大器的输出信号接入 F/V 表，将 F/V 表的量程切换开关切换到 2V 挡。

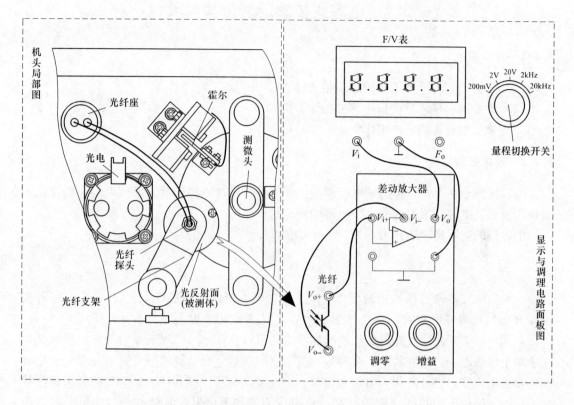

图 3-13 光纤传感器位移实验安装、接线示意图

（3）检查接线无误后合上主、副电源开关，将差动放大器的增益电位器顺时针方向缓慢转到底后再逆向回转一点点，调节差动放大器的调零电位器使 F/V 表显示为 0。

（4）顺时针调节测微头，每隔 $\Delta X = 0.1\text{mm}$ 读取电压表显示值（取 $X > 8\text{mm}$ 行程的数据），将数据填入表 3-4。

表 3-4　光纤位移传感器输出电压与位移数据

X/mm									
V/V									

（5）根据表 3-4 中的数据作出实验曲线并找出线性区域较好的范围（前坡）作为光纤位移传感器的量程计算灵敏度和非线性误差。实验完毕，关闭主、副电源。

3.3.5　实验报告的要求

（1）做出电压位移（V-X）曲线，并找出位移 d 为多少时光纤传感器出现光峰值。

（2）分析光纤传感器的静态特性，比如量程、灵敏度、线性度、迟滞特性等。

（3）光纤传感器由哪几部分组成，具有什么优点，除了位移还可以测量哪些量？

3.4　电容式传感器测位移实验

3.4.1　实验目的

（1）掌握电容传感器工作原理与结构组成。
（2）掌握电容传感器测量位移的工作原理。
（3）掌握电容传感器的工作特征。

3.4.2　基本原理

电容传感器是以各种类型的电容器为传感元件，将被测物理量转换成电容量的变化来实现测量的。电容传感器的输出是电容的变化量。

电容器的电容量表达式为

$$C = \frac{\varepsilon \varepsilon_0 A}{d} \tag{3-10}$$

式中，A 为电容器两极板的正对面积，m^2；d 为电容器两极板的距离，m；ε 为电容器极板间介质的相对介电常数，在空气中 $\varepsilon = 1$；ε_0 为真空中介电常数，$\varepsilon_0 = 8.85 \times 10^{-12} F/m$。

利用电容关系式通过相应的结构和测量电路可以选择 ε、A、d 三个参数中，保持其中任意两个参数不变，改变其中一个参数，就可以实现对电容参数的测量。当 ε 变化，可以测谷物的干燥度；当 d 变化，可以测位移；当 A 变化，可以测液位。电容传感器极板形状分为平板、圆板形和圆柱（圆筒）形，也有球面形和锯齿形等其他的形状，但一般很少用。本实验采用的传感器为两组静态极片与一组动极片组成两个平板式变面积差动结构，如图 3-14 所示。

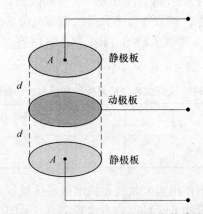

静极板

动极板

静极板

图 3-14　平板式变面积差动电容传感器

两个平板式变面积电容变化量之差为

$$\Delta C = \Delta C_1 - \Delta C_2 = \frac{\varepsilon \varepsilon_0 (A + \Delta A)}{d} - \frac{\varepsilon \varepsilon_0 (A - \Delta A)}{d} = \frac{2\varepsilon \varepsilon_0 \Delta A}{d} \tag{3-11}$$

由公式（3-11）可知，差动式比单组电容器的灵敏度提高了一倍。由于差动式结构具有灵敏度高、线性范围宽、稳定性高的优点，实验中多采用差动结构的电容传感器。

电容变换器原理图与调理电路中的电容变换器面板图如图 3-15 所示。电容变换器的核心部分是图 3-16 中的二极管环形充、放电电路。

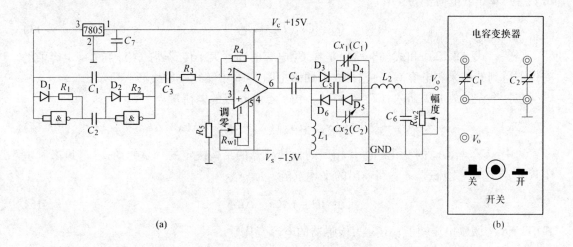

(a)

(b)

图 3-15 电容变换器原理图与面板图

（a）电容变换器原理图；（b）电容变换器面板图

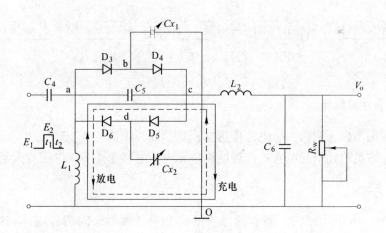

图 3-16 二极管环形充、放电电路

在图 3-16 中，环形充、放电电路由 D_3、D_4、D_5、D_6 二极管、C_5 电容、L_1 电感和 Cx_1、Cx_2 实验差动电容位移传感器组成。

当高频激励电压（$f > 100\text{kHz}$）输入到 a 点，由低电平 E_1 跃到高电平 E_2 时，电容 Cx_1 和 Cx_2 两端电压均由 E_1 充到 E_2。充电电荷一路由 a 点经 D_3 到 b 点，再对 Cx_1 充电到 O 点（地）；另一路由 a 点经 C_5 到 c 点，再经 D_5 到 d 点对 Cx_2 充电到 O 点。此时，D_4 和 D_6 由于反偏置而截止。在 t_1 充电时间内，由 a 到 c 点的电荷量为

$$Q_1 = Cx_2(E_2 - E_1) \tag{3-12}$$

当高频激励电压由高电平 E_2 返回到低电平 E_1 时，电容 Cx_1 和 Cx_2 均放电。Cx_1 经 b 点、D_4、c 点、C_5、a 点、L_1 放电到 O 点；Cx_2 经 d 点、D_6、L_1 放电到 O 点。在 t_2 放电时间内由 c 点到 a 点的电荷量为：

$$Q_2 = Cx_1(E_2 - E_1) \tag{3-13}$$

当然，式（3-12）和式（3-13）是在 C_5 电容值远远大于传感器的 Cx_1 和 Cx_2 电容值的前提下得到的结果。电容 C_5 的充、放电回路由图 3-16 中实线、虚线箭头所示。

在一个充、放电周期内（$T = T_2 - T_1$），由 c 点到 a 点的电荷量为

$$Q = Q_2 - Q_1 = (Cx_1 - Cx_2)(E_2 - E_1) = \Delta Cx \cdot \Delta E \tag{3-14}$$

式中，Cx_1 与 Cx_2 的变化趋势是相反的（传感器的结构决定的，是差动式）。设激励电压频率 $f = 1/T$，则流过 ac 支路输出的平均电流 i 为

$$i = fQ = f\Delta Cx \cdot \Delta E \tag{3-15}$$

式中，ΔE 为激励电压幅值；ΔCx 为传感器的电容变化量。

由式（3-15）可看出：f、ΔE 一定时，输出平均电流 i 与 ΔCx 成正比，此输出平均电流 i 经电路中的电感 L_2、电容 C_6 滤波变为直流 I 输出，再经 R_w 转换成电压输出 $V_{o1} = IR_w$。由传感器原理已知 ΔCx 与 ΔX 位移成正比，所以通过测量电路的输出电压 V_{o1} 就可知 ΔX 位移（见图 3-17）。

机械位移 $\xrightarrow{\Delta x}$ 电容传感器 $\xrightarrow{\Delta Cx}$ 电容变换器 $\xrightarrow{\Delta V}$ 放大器 $\xrightarrow{V_o}$ 电压表

图 3-17　电容式位移传感器实验方块图

3.4.3　需用器件与单元

机头中的振动台、测微头、电容传感器；显示面板中的 F/V 表（或电压表）；调理电路面板传感器输出单元中的电容；调理电路单元中的电容变换器、电压放大器。

3.4.4　实验步骤

（1）按图 3-18 所示接线。调节测微头的微分筒使测微头的测杆端部与振动台吸合，再逆时针调节测微头的微分筒（振动台带动电容传感器的动片组上升），直到电容传感器的动片组与静片组上沿基本平齐为止（测微头的读数大约为 20mm 左右）作为位移的起始点。

（2）将显示面板中的 F/V 表（或电压表）的量程切换开关切换到 20V 挡，再将电容变换器的按钮开关按一下（开）。检查接线无误后，合上主、副电源开关，读取电压表显示值为起始点的电压，填入表 3-5 中。

（3）仔细、缓慢地顺时针调节测微头的微分筒一圈 $\Delta X = 0.5mm$（不能转动过量，否则回转会引起机械回程误差），从 F/V 表（或电压表）上读出相应的电压值，填入表 3-5 中，以后，每调节测微头的微分筒一圈 $\Delta X = 0.5mm$ 读出相应的输出电压直到电容传感器的动片组与静片组下沿基本平齐为止。

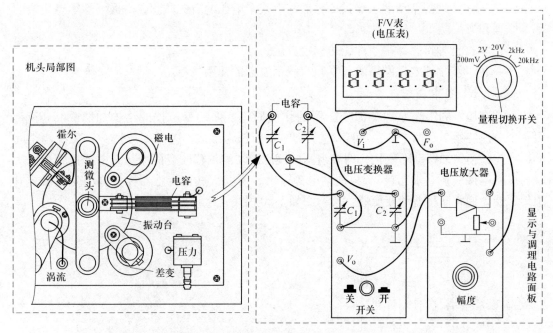

图 3-18 电容传感器位移测量系统接线示意图

表 3-5 电容传感器测位移实验数据

X/mm										
V/V										

（4）根据表 3-5 数据作出 $\Delta X\text{-}V$ 实验曲线，在实验曲线上截取线性比较好的线段作为测量范围并在测量范围内计算灵敏度 $S = \Delta V/\Delta X$ 与线性度。实验完毕，关闭所有电源开关。

3.4.5 实验报告的要求

（1）作出电容传感器的电压-位移（$V\text{-}X$）曲线。

（2）分析电容传感器的静态特性，比如量程、灵敏度、线性度、迟滞特性等。

（3）有时候电容传感器的静极板与动极板紧贴在一起，会导致无论怎么改变动极板的位移，F/V 表都没有示数，请问为什么？

3.5 差动变压器测位移实验

差动变压器测位移的实验包含 4 个小实验。

3.5.1 差动变压器的性能实验

3.5.1.1 实验目的

（1）掌握差动变压器的工作原理和特性。

（2）掌握差动变压器的结构。

（3）进一步理解差动变压器式传感器零点残余电压的有关概念，掌握消除零点残余的基本原理和方法。

（4）掌握这种传感器基本性能的标定方法。

（5）进一步学习电桥网络的调零和双线示波器的使用技巧。

3.5.1.2 基本原理

差动变压器的工作原理类似变压器的作用原理。差动变压器的结构如图 3-19 所示，由一个一次绕组 1 和两个二次绕组 2、3 及一个衔铁 4 组成。差动变压器一、二次绕组间的耦合能随衔铁的移动而变化，即绕组间的互感随被测位移改变而变化。由于把两个二次绕组反向串接（同名端相接），以差动电势输出，所以把这种传感器称为差动变压器式电感传感器，通常简称差动变压器。实物图如 3-20 所示。

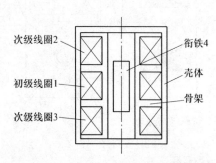

图 3-19   差动变压器的结构示意图

图 3-20   差动变压器实物图

当差动变压器工作在理想情况下（忽略涡流损耗、磁滞损耗和分布电容等影响），它的等效电路如图 3-21 所示。图中 U_1 为一次绕组激励电压；M_1、M_2 分别为一次绕组与两个二次绕组间的互感；L_1、R_1 分别为一次绕组的电感和有效电阻；L_{21}、L_{22} 分别为两个二次绕组的电感；R_{21}、R_{22} 分别为两个二次绕组的有效电阻。

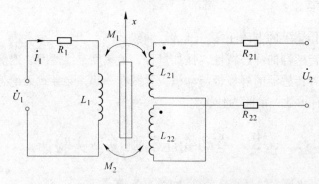

图 3-21   差动变压器的等效电路图

对于差动变压器，当衔铁处于中间位置时，由于两个二次绕组互感相同，由一次绕组激励引起的感应电动势相同。由于两个二次绕组反向串接，所以差动输出电动势为零。当衔铁移向二次绕组 L_{21} 移动，这时互感 M_1 增大，M_2 变小，二次绕组 L_{21} 内感应电动势大于二次绕组 L_{22} 内感应电动势，这时差动输出电动势不为零。在传感器的量程内，衔铁位移越大，差动输出电动势就越大。同样道理，当衔铁向二次绕组 L_{22} 移动，这时互感 M_2 增大，M_1 变小，二次绕组 L_{22} 内感应电动势大于二次绕组 L_{21} 内感应电动势，这时差动输出电动势不为零。但由于移动方向改变，所以输出电动势反相。因此通过差动变压器输出电动势的大小和相位可以知道衔铁位移量的大小和方向。

由图 3-21 可以看出一次绕组的电流为

$$I_1 = \frac{U_1}{R_1 + j\omega L_1} \tag{3-16}$$

二次绕组的感应电动势为

$$E_{21} = -j\omega M_1 I_1$$
$$E_{22} = -j\omega M_2 I_1 \tag{3-17}$$

由于二次绕组反向串接，所以输出总电动势为

$$E_2 = E_{21} - E_{22} = -j\omega(M_1 - M_2)I_1 = -j\omega(M_1 - M_2)\frac{U_1}{R_1 + j\omega L_1} \tag{3-18}$$

输出总电动势有效值为

$$E_2 = \frac{\omega(M_1 - M_2)U_1}{\sqrt{R_1^2 + (\omega L_1)^2}} \tag{3-19}$$

差动变压器的输出特性曲线如图 3-22 所示。图中 E_{21}、E_{22} 分别为两个二次绕组的输出感应电动势，E_2 为差动输出电动势，x 表示衔铁偏离中心位置的距离。其中 E_2 的实线表示理想的输出特性，而虚线部分表示实际的输出特性。E_0 为零点残余电动势，这是由于差动变压器制作上的不对称以及铁心位置等因素所造成的。零点残余电动势的存在，使得传感器的输出特性在零点附近不灵敏，给测量带来误差，此值的大小是衡量差动变压器性能好坏的重要指标。

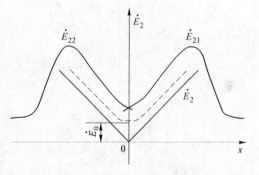

图 3-22 差动变压器输出特性

为了减小零点残余电动势可采取以下方法：

（1）尽可能保证传感器几何尺寸、线圈电气参数及磁路的对称。磁性材料要经过处理，消除内部的残余应力，使其性能均匀稳定。

（2）选用合适的测量电路，如采用相敏整流电路。既可判别衔铁移动方向又可改善输出特性，减小零点残余电动势。

（3）采用补偿线路减小零点残余电动势。图 3-23 是其中典型的几种减小零点残余电动势的补偿电路。在差动变压器的线圈中串、并适当数值的电阻电容元件，调整 W_1、W_2 时，可使零点残余电动势减小。

3.5.1.3 需用器件与单元

机头中的振动台、测微头、差动变压器；显示面板中音频振荡器；调理电路面板传感器输出单元中的电感；双踪示波器。

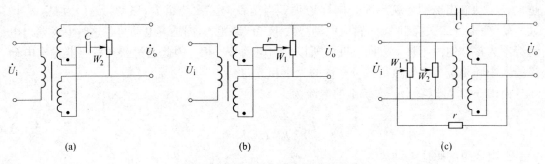

图 3-23   减小零点残余电动势电路

（a）补偿电容法；（b）补偿电阻法；（c）反馈法

3.5.1.4   实验步骤

（1）如图 3-24 所示，L_i 为初级线圈（一次线圈）；L_{o1}、L_{o2} 为次级线圈（二次线圈）；* 号为同名端。差动变压器的原理图参阅图 3-21。

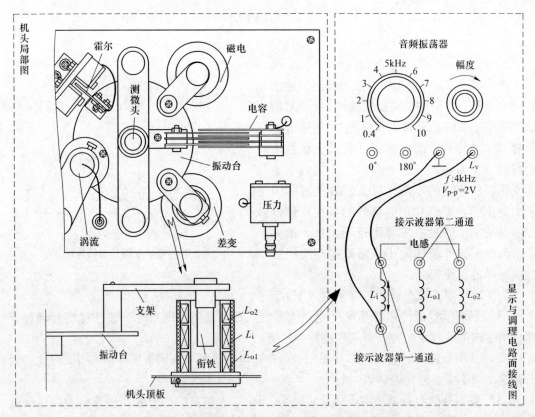

图 3-24   差动变压器性能实验安装、接线示意图

（2）按图 3-24 示意接线，差动变压器的初级线圈 L_i 的激励电压（绝对不能用直流电压激励）必须从显示面板中音频振荡器的 L_v 端子引入，检查接线无误后合上主电源开关，调节音频振荡器的频率为（3～5）kHz 的某一值，同时用示波器监测、读数，需要正确选择双踪示波器的"触发"方式及其他设置；调节输出幅度使峰峰值 $V_{p-p} = 2V$（示波器第一

通道监测）。

（3）差动变压器的性能实验：使用测微头时，来回调节微分筒使测杆产生位移的过程中本身存在机械回程差，为消除这种机械回差可采取仔细、缓慢地单向调节位移方法并且不要调节过量。

1）逆时针方向（往上）调节测微头的微分筒（0.01mm/小格），使微分筒的 0 刻度线对准轴套的 20mm 刻度线，记录此时示波器第二通道显示的波形 V_{p-p}（峰峰值）值为实验起点值并填写在表 3-6 中。此时应正确选择双线（双踪）示波器的"触发"方式及其他设置，才能正确显示读数。

2）顺时针方向（往下）每隔 $\Delta X = 0.2$mm 调节测微头的微分筒并从示波器上读出相应的电压 V_{p-p} 值（可取 80 个点值，当示波器显示的波形过"零"反相时作为"负"值），填入表 3-6 中（这样单行程位移方向做实验可以消除测微头的机械回差）。

表 3-6 差动变压器性能实验数据

ΔX/mm										
V_{p-p}/mV										

（4）根据表 3-6 数据作出 X-V_{p-p} 实验曲线并回答差动变压器的零点残余电压大小。实验完毕，关闭电源。

3.5.1.5 思考题

（1）试分析差动变压器与一般电源变压器的异同。

（2）用直流电压激励会损坏传感器，为什么？

（3）差动变压器为何存在零点残余电压？用什么方法可以减小零点残余电压？

3.5.2 激励频率对差动变压器特性的影响

3.5.2.1 实验目的

了解初级线圈激励频率对差动变压器输出性能的影响。

3.5.2.2 基本原理

差动变压器的输出电压的有效值可以近似用关系式：$E_2 = \dfrac{\omega(M_1 - M_2)U_1}{\sqrt{R_1^2 + \omega^2 L_1^2}}$ 表示，式

(3-19) 中 L_1、R_1 为初级线圈电感和损耗电阻；U_1、ω 为激励电压和频率；M_1、M_2 为初级与两次级间互感系数。由关系式可以看出，当初级线圈激励频率太低时，若 $R_1^2 > \omega^2 L_1^2$，则输出电压 E_2 受频率变动影响较大，且灵敏度较低，只有当 $\omega^2 L_1^2 \gg R_1^2$ 时输出 E_2 与 ω 无关，当 ω 过高会使线圈寄生电容增大，对性能稳定不利。

3.5.2.3 需用器件与单元

机头中的振动台、测微头、差动变压器；显示面板中音频振荡器；调理电路面板传感器输出单元中的电感；双踪示波器。

3.5.2.4 实验步骤

（1）接线按实验 3.5.1、图 3-24。

（2）检查接线无误后，合上主电源开关，调节音频振荡器 L_v 输出频率为 1kHz（用示波器监测频率），使示波器显示的峰峰值 $V_{p-p} = 2V$（示波器第一通道监测）。

（3）调节测微头使差动变压器衔铁明显偏离位移中点位置，即使差动变压器有个较大的 V_{p-p} 输出值（示波器第二通道监测），因为衔铁位于中点位置时示波器的示值 V_{p-p} 最小。

（4）保持衔铁位置不变，即位移量不变的情况下改变激励电压（音频振荡器）的频率，从 1~9kHz 逐渐增加，此时保持激励电压幅值 2V 不变（示波器第一通道监测）。将差动变压器相应的输出 V_{p-p} 值填入表 3-7（示波器第二通道监测）。

表 3-7　差动变压器幅频特性实验数据

f/kHz	1	2	3	4	5	6	7	8	9
V_{p-p}									

（5）根据表 3-7 数据作出幅频（f-V_{p-p}）特性曲线。实验完毕，关闭主电源。

3.5.3　差动变压器零点残余电压补偿实验

3.5.3.1　实验目的
掌握差动变压器零点残余电压概念及补偿方法。

3.5.3.2　基本原理
由于差动变压器次级两线圈的等效参数不对称，初级线圈的纵向排列的不均匀性，铁芯 B-H 特性的非线性等，造成铁芯（衔铁）无论处于线圈的什么位置其输出电压并不为零，其最小输出值称为零点残余电压。在实验 3.5.1（差动变压器的性能实验）中已经得到了零点残余电压，用差动变压器测量位移应用时一般要对其零点残余电压进行补偿。补偿方法参考实验 3.5.1 中的基本原理，本实验采用补偿线路中的反馈法来减小零点残余电压。

3.5.3.3　需用器件与单元
机头中的振动台、测微头、差动变压器；显示面板中音频振荡器；调理电路面板传感器输出单元中的电感、调理电路面板中的电桥；双踪示波器。

3.5.3.4　实验步骤
（1）图 3-25 为差动变压器残余电压补偿实验接线示意图，按其示意接线。检查接线无误后，合上主电源开关。调节测微头使差变输出的幅值（示波器监测）为最小，再调节电桥单元中的 W_1 与 W_2（二者反复交替调节）使差动变压器输出的幅值（示波器监测）更小。按实验 3.5.1（差动变压器的性能实验）中的实验步骤（3）中的 1）、2）步骤实验，作出 X-V_{p-p} 实验曲线。

（2）比较本实验与实验 3.5.1 的结果。实验完毕，关闭电源。

＊说明：调理电路面板上的电桥单元是通用单元，不是差动变压器补偿专用单元，因而补偿电路中的 r、c 元件参数值不是最佳设计值，会影响补偿效果。但学生只要通过实验理解补偿概念及方法就达到了目的。

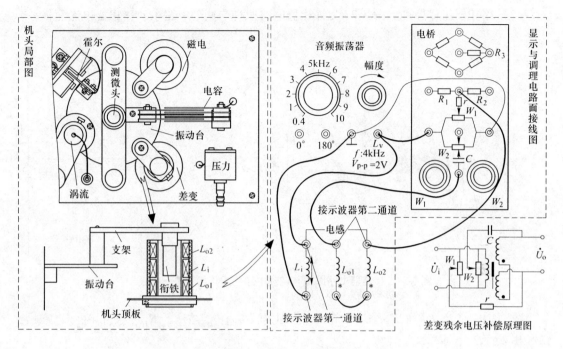

图 3-25　零点残余电压补偿实验接线示意图

3.5.4　差动变压器测位移实验

3.5.4.1　实验目的

了解差动变压器测位移时的应用方法。

3.5.4.2　基本原理

（1）差动变压器测位移的原理。差动变压器的工作原理参阅实验 3.5.1（差动变压器的性能实验）。差动变压器在应用时要想办法消除零点残余电动势和死区，如采用相敏检波电路，既可判别衔铁移动（位移）方向又可改善输出特性，消除测量范围内的死区。图 3-26 所示为差动变压器测位移原理。

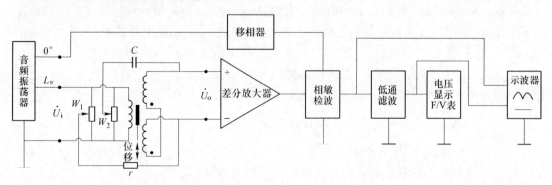

图 3-26　差动变压器测位移原理

（2）移相器工作原理。图3-27为移相器电路原理与调理电路中的移相器单元面板。

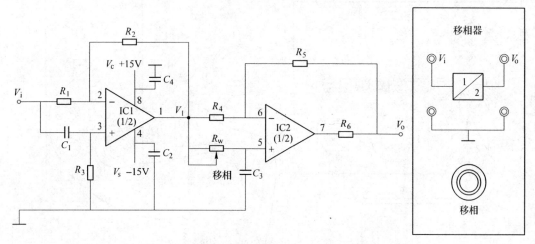

图 3-27　移相器电路原理与调理电路中的移相器单元面板

图中，IC1、R_1、R_2、R_3、C_1构成一阶移相器（超前），在$R_2 = R_1$的条件下，其幅频特性和相频特性分别表示为

$$K_{F1}(j\omega) = \frac{V_i}{V_1} = -\frac{1 - j\omega R_3 C_1}{1 + j\omega R_3 C_1} \qquad (3\text{-}20)$$

$$|K_{F1}(\omega)| = 1 \qquad (3\text{-}21)$$

$$\phi_{F1}(\omega) = -\pi - 2\arctan\omega R_3 C_1 \qquad (3\text{-}22)$$

式中，$\omega = 2\pi f$，f为输入信号频率。同理由IC2，R_4，R_5，R_w，C_3构成另一个一阶移相器（滞后），在$R_5 = R_4$条件下的特性为

$$K_{F2}(j\omega) = \frac{V_o}{V_1} = -\frac{1 - j\omega R_W C_3}{1 + j\omega R_W C_3} \qquad (3\text{-}23)$$

$$|K_{F2}(\omega)| = 1 \qquad (3\text{-}24)$$

$$\phi_{F2}(\omega) = -\pi - 2\arctan\omega R_W C_3 \qquad (3\text{-}25)$$

由此可见，根据幅频特性公式，移相前后的信号幅值相等。根据相频特性公式，相移角度的大小和信号频率f及电路中阻容元件的数值有关。显然，当移相电位器$R_w = 0$，上式中$\phi_{F2}(\omega) = 0$，因此$\phi_{F1}(\omega)$决定了图3-27所示的二阶移相器的初始移相角，即

$$\phi_{F2} = \phi_{F1} = -\pi - 2\arctan\omega R_3 C_1 = -\pi - 2\arctan(2\pi f R_3 C_1) \qquad (3\text{-}26)$$

若调整移相电位器R_w，则相应的移相范围为

$$\Delta\phi_F = \phi_{F1} - \phi_{F2} = -2\arctan(2\pi f R_3 C_1) + 2\arctan(2\pi f R_W C_3) \qquad (3\text{-}27)$$

已知$R_3 = 10\text{k}\Omega$，$C_1 = 6800\text{pF}$，$\Delta R_W = 10\text{k}\Omega$，$C_3 = 0.022\mu\text{F}$，输入信号频率$f$一旦确定，即可计算出图3-27所示二阶移相器的初始移相角和移相范围。

（3）相敏检波器工作原理。图3-28为相敏检波器（开关式）原理与调理电路中的相敏检波器面板。图中，AC为交流参考电压输入端，DC为直流参考电压输入端，V_i端为检波信号输入端，V_o端为检波输出端。

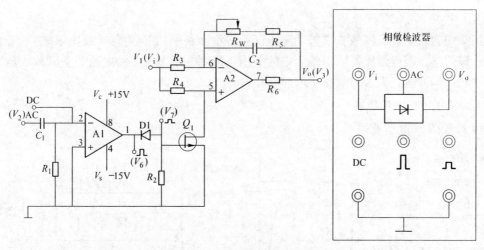

图 3-28 相敏检波器原理与面板图

原理图中各元器件的作用：C_1 为交流耦合电容，隔离直流；A1 为反相过零比较器，将参考电压正弦波转换成矩形波（开关波 +14~−14V）；D1 为二极管，钳位得到合适的开关波形；$V_7 \leqslant 0V$（0~−14V），为电子开关 Q_1 提供合适的工作点；Q_1 是结型场效应管，在开或关的状态下工作；A2 在反相器或跟随器状态下工作；R_6 为限流电阻，起保护集成块的作用。

关键点：Q_1 是由参考电压 V_7 矩形波控制的开关电路。当 $V_7 = 0V$ 时，Q_1 导通，使 A2 的同相输入 5 端接地成为倒相器，即 $V_3 = -V_1$（$V_o = -V_i$）；当 $V_7 < 0V$ 时，Q_1 截止（相当于 A2 的 5 端接地断开），A2 成为跟随器，即 $V_3 = V_1$（$V_o = V_i$）。相敏检波器具有鉴相特性，输出波形 V_3 的变化由检波信号 V_1（V_i）与参考电压波形 V_2（AC）之间的相位决定。图 3-29 所示为相敏检波器的工作时序。

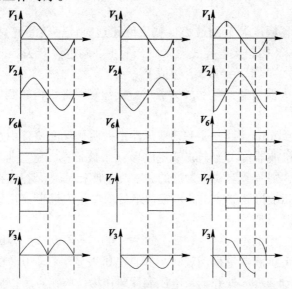

图 3-29 相敏检波器工作时序

3.5.4.3 需用器件与单元

机头中的振动台、测微头、差动变压器；显示面板中的 F/V 表（或电压表）、音频振荡器；调理电路面板传感器输出单元中的电感、调理电路面板中的电桥、差动放大器、移相器、相敏检波器、低通滤波器；双踪示波器。

3.5.4.4 实验步骤

（1）按图 3-30 示意接线。

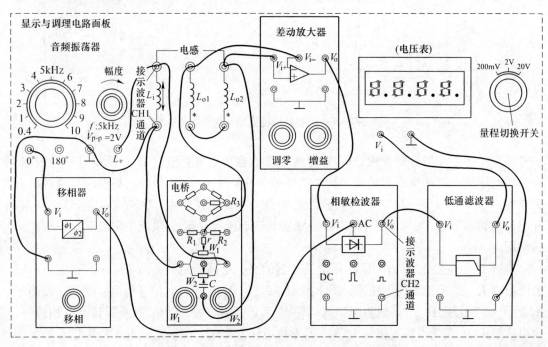

图 3-30 差动变压器测位移组成、接线示意图

（2）将音频振荡器幅度调节到最小（幅度旋钮逆时针轻转到底）；电压表（F/V 表）的量程切换开关切到 2V 挡。检查接线无误后合上主、副电源开关。调节音频振荡器（用示波器第一通道监测），频率 $f = 5\text{kHz}$，幅值 $V_{\text{p-p}} = 2\text{V}$。

（3）调整差动放大器增益：差动放大器增益旋钮顺时针缓慢转到底，再逆时针回转二分之一。

（4）调节测微头到 15mm 处，使差动变压器衔铁明显偏离位移中点位置后，调节移相器的移相旋钮使相敏检波器输出为全波整流波形（示波器第二通道监测），如相邻波形谷底不在同一水平线上，则调节差动放大器的调零旋钮使相邻波形谷底在同一水平线上。再仔细调节测微头，使相敏检波器输出波形幅值绝对值尽量为最小（衔铁处在初级线圈的中点位置）。

（5）调节电桥单元中的 W_1、W_2（二者交替配合反复调节）使相敏检波器输出波形趋于水平线（可相应调节示波器量程挡观察）并且电压表显示趋于 0（以电压表显示为主）。

（6）调节测微头到 20mm 处并记录电压表读数作为位移始点，以后顺时针方向调节测微头，每隔 $\Delta X = 0.2\text{mm}$ 从电压表上读出输出电压 V 值（20mm 全行程范围），填入表 3-8。

表 3-8　差动变压器测位移实验数据

X/mm									
V/mV									

（7）根据表 3-8 的实验数据作出实验曲线（自设十字坐标）并在曲线上截取线性较好的曲线段作为位移测量范围（作为传感器的量程），计算灵敏度 $S = \Delta V/\Delta X$ 与线性度。实验完毕关闭所有电源开关。

3.5.4.5　思考题

（1）此差动变压器测量位移的量程多大？

（2）差动变压器输出经相敏检波器检波后是否消除了零点残余电压和死区？

（3）从实验曲线上能理解相敏检波器的鉴相特性吗？

（4）能否利用差动变压器设计一个电子秤？

4　振动的测量

机械振动是工业生产和日常生活中极为常见的现象。很多机械设备和装置内部安装着各种运动的机构和零部件（都是弹性体），在运行时由于负载的不均匀、结构的刚度各向不等、表面质量不够理想等原因，使工作时不可避免地存在着振动现象。如汽车、火车、飞机、轮船以及各种动力机械在工作时均产生振动。这种振动包括启动时的冲击振动以及平稳工作时的随机振动。在许多情况下，这种振动是有害的。许多设备故障的产生就是由于振动过大，产生有损机械结构的动载荷，从而导致系统特性参数发生变化，严重时可能使部件产生裂纹、结构强度下降或机上设备失灵，严重影响机器设备的工作性能和寿命，甚至使机器破坏。同时，强烈的振动噪声还对人的生理健康产生极大的危害。近年来，具有大功率、高速度、高效率等性能的大型化、复杂化（多为机、电、液综合系统）机器正在飞速发展，而影响这些设备发展的振动问题已遍及机械制造工程中的各个行业，并引起了人们的极大重视。因此，如何减小振动的影响，将振动量控制在允许的范围内，是当前急需解决的课题。但是在某些情况下，振动也有可被利用的一面。例如利用振动原理研制的振动机械用于运输、夯实、捣固、清洗、脱水、时效等方面，只要涉及合理，他们有着耗能少、效率高、结构简单的特点。

机械振动测试是现代机械振动学科的重要组成部分，它是研究和解决工程技术中许多动力学问题必不可少的手段。当前，在机械结构（尤其那些承受复杂载荷或本身十分复杂的机械结构）的动力学特性参数（阻尼、固有频率、机械阻抗等）求解方面，目前尚无法用理论公式正确计算，振动测试则是唯一的求解方法。在设计阶段为了提高结构的抗振能力，往往需要对结构进行种种振动试验、分析和仿真设计，通过对具体结构或相应模型的振动试验可以验证理论分析的正确性，找出薄弱环节，改善结构的抗振动性能。此外，现代的先进工业生产中，除了要求各种机械具备低振动和低噪声的性能外，还需要对某运行过程进行检测、诊断和对工作环境进行控制，这些技术措施都离不开振动的测量。由此可见，振动测试在生产和科研许多方面都占有重要地位。

机械振动测试，用于不同的目的，大致可以分为两类：

（1）寻找振源，减少或消除振动，即消除被测量设备和结构所存在的振动。例如在工作状态下（如切削过程），对结构及部件进行测量和分析。测量内容通常是振动强度、频谱，亦即测出被测对象某些点的位移、速度或加速度以及振动频率和一些需要做进一步分析的信息，弄清振动状况，并寻找振源，为采取有效对策提供依据，使振动得以消除或减小。或将获得的数据进行分析处理后与已有的标准进行比较，用以判断系统内部结构是否存在着如破坏、磨损、松脱等影响系统正常运行的各种故障，确定系统是否继续运行和确定响应方案进行预知维修。

（2）测定结构或部件的动态特性以便改进结构设计，提高抗振能力。这是对设备或结构施加某种激振力，使其产生振动，测出输入（激振力）和输出（被测件）的振动信号，从而确定被测部件的频率响应，然后进行模态分析、谱分析、相关分析等，求得各阶模态的振动参数。进而确定被测对象的固有频率、阻尼比、刚度、振型等振动参数。这类试验分为机械模态试验、激振试验或频率响应试验，目的是为了研究设备或结构的力学动态特性。

在工程振动测试领域中，测试手段与方法多种多样，目前广泛使用的振动测量方法是电测法，将工程振动的参量经传感器拾取后，转换成电信号，再经电子线路进行放大传输处理，从而得到所要测量的机械量。

所选用的测振传感器按是否与被测件接触可将传感器分为两类：接触式和非接触式。接触式传感器中有磁电式传感器和压电式加速度计等，其机电转换较为方便，因而用得最多。而电容传感器、涡轮传感器常用于振动位移的非接触测量中。

按所测的振动性能可将传感器分为：绝对式和相对式。绝对式传感器的输出描述被测物的绝对振动；绝对式传感器的壳体固定在被测件上，其内部利用其弹簧 质量系统来感受振动。测振时，其壳体和被测物固接，壳体的振动等视于被测物的振动，也即传感器的输入。壳体对传感器内的质量块的相对运动量用来描述被测物体的绝对振动量并作为力学模型的输出，供有关的机 电转换元件转换成电量，成为传感器的输出。使用相对式传感器时，其壳体和测量体分别与不同的被测件联系，输出是描述此两试件间的相对振动。

由于传感器是振动测试中的第一个环节，除了要求它具有较高的灵敏度和在测量的频率范围内有平坦的幅频特性曲线以及与频率成线性关系的相频特性曲线外，还要求惯性式传感器的质量小，这是因为固定在被测对象上的惯性式传感器将作为附加质量使整个系统的振动特性发生变化，这些变化可近似地用下列两式表示：

$$a' = \frac{m}{m + m_t} a \tag{4-1}$$

$$f_n' = \sqrt{\frac{m}{m + m_t}} f_n \tag{4-2}$$

式中，f_n、f_n' 为装上传感器之前、后被测系统的固有频率；a、a' 为装上传感器之前、后被测系统的加速度；m 为被测系统原有质量；m_t 为被测系统附加质量。

显然，只有当 $m_t \ll m$ 时，m_t 的影响才可忽略。在对轻小结构测振或做模态实验时，由于 m_t 占 m 相当比例，需要对附加质量加以特别考虑。

振动的位移、速度、加速度之间保持简单的微积分关系，所以在许多测振仪器中往往带有简单的微积分网络，根据需要可做位移、速度、加速度之间的切换。

本章的部分实验，需要用示波器或者数据采集显示软件 SensorPro 来观察振动信号，示波器与数据采集显示软件的使用方法请参考附录。

4.1 电涡流传感器测振动实验

4.1.1 实验目的

了解电涡流传感器测振动的原理与方法。

4.1.2　基本原理

实验原理同实验 3.1 电涡流传感器测位移的原理，根据被测材料选择合适的工作点即可测量振动。

4.1.3　需用器件与单元

机头中的振动台、电涡流传感器、被测体（铁圆片）；显示面板中的 F/V 表（或电压表）、低频振荡器；调理电路面板传感器输出单元中的电涡流、激振；调理电路面板中的涡流变换器；示波器。

4.1.4　实验步骤

（1）调节测微头远离振动台，不能妨碍振动台上下运动。按图 4-1 示意接线。

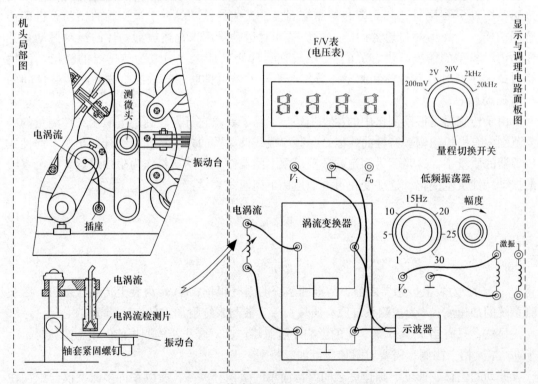

图 4-1　电涡流传感器测振动安装、接线示意图

（2）将低频振荡器幅度旋钮逆时针转到底（低频输出幅度最小）；电压表的量程切到 20V 挡。检查接线无误后合上主、副电源开关，松开电涡流传感器的安装轴套紧固螺钉，调整电涡流传感器与电涡流检测片的间隙，使电压表显示为 2.5V 左右时拧紧轴套紧固螺钉（传感器与被测体铁圆片静态时的最佳距离为线性区域中点）。

（3）调节低频振荡器的频率为 8Hz 左右，再调节低频振荡器幅度使振动台起振，振动幅度不能过大（电涡流传感器测小位移，否则超线性区域）。用双踪示波器同时检测低频振荡器产生的振动信号与涡流变换器输出的波形，比较幅值、频率与相位。

（4）分别改变低频振荡器的振荡频率、幅度，观察、体会涡流变换器输出波形的变化。

（5）实验完毕，关闭所有电源。

4.1.5 实验报告的要求

（1）截取不同频率下低频振动器的振动信号与电涡流传感器测量到的振动信号，比较频率，相位与幅值是否有区别？

（2）振动信号在哪个频率范围内，电涡流传感器测量的振动信号不失真，也就是电涡流传感器的频带宽度是多少？

4.2 压电式传感器测振动实验

4.2.1 实验目的

了解压电传感器的原理和测量振动的方法。

4.2.2 基本原理

压电式传感器是一种典型的发电型传感器，其传感元件是压电材料，它以压电材料的压电效应为转换机理实现力到电量的转换。压电式传感器可以对各种动态力、机械冲击和振动进行测量，在声学、医学、力学、导航领域都得到广泛的应用。

（1）压电效应。具有压电效应的材料称为压电材料，常见的压电材料有两类：压电单晶体，如石英、酒石酸钾钠等；人工多晶体压电陶瓷，如钛酸钡、锆钛酸铅等。

压电材料受到外力作用时，在发生变形的同时内部产生极化现象，它表面会产生符号相反的电荷。当外力去掉时，又重新恢复到不带电状态，当作用力的方向改变后电荷的极性也随之改变，如图4-2（a）、（b）、（c）所示。这种现象称为压电效应。

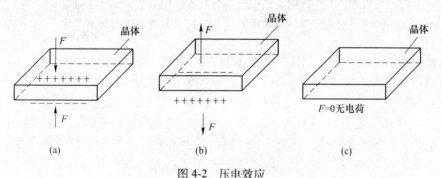

图 4-2 压电效应
（a）受压时；（b）受拉时；（c）不受力时

（2）压电晶片及其等效电路。

多晶体压电陶瓷的灵敏度比压电单晶体要高很多，压电传感器的压电元件的两个工作面上蒸镀有金属膜的压电晶片，金属膜构成两个电极，如图4-3（a）所示。当压电晶片受到力的作用时，便有电荷聚集在两极上，一面为正电荷，一面为等量的负电荷。这种情况和电容器十分相似，所不同的是晶片表面上的电荷会随着时间的推移逐渐漏掉，尽管压电晶片材料的绝缘电阻（也称漏电阻）很大，但毕竟不是无穷大，所以晶片表面上会保有一部分电荷从信号变换角度来看，压电元件相当于一个电荷发生器；从结构上看，它又是一个电容器。因此通常将压电元件等效为一个电荷源与电容相并联的电路，如图 4-3（b）所示。其中 $e_a = \dfrac{Q}{C_a}$。式中，e_a 为压电晶片受力后所呈现的电压，也称为极板上的开路电压；Q 为压电晶片表面上的电荷；C_a 为压电晶片的电容。

实际的压电传感器中，往往用两片或两片以上的压电晶片进行并联或串联。压电晶片并联时如图 4-3（c）所示，两晶片正极集中在中间极板上，负电极在两侧的电极上，因而电容量大，输出电荷量大，时间常数大，宜测量缓变信号并以电荷量作为输出。

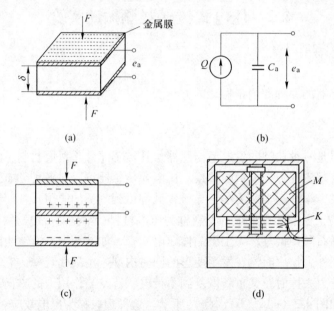

图 4-3　压电晶片及等效电路

（a）压电晶片；（b）等效电荷源；（c）并联；（d）压电式加速度传感器

压电传感器的输出，理论上应当是压电晶片表面上的电荷 Q。根据图 4-3（b）可知测试中也可取等效电容 C_a 上的电压值，作为压电传感器的输出。因此，压电式传感器有电荷和电压两种输出形式。

（3）压电式加速度传感器。图 4-3（d）是压电式加速度传感器的结构图。图中，M 是惯性质量块，K 是压电晶片。压电式加速度传感器实质上是一个惯性力传感器。在压电晶片 K 上，放有质量块 M。当壳体随被测振动体一起振动时，作用在压电晶体上的力 $F = Ma$。当质量 M 一定时，压电晶体上产生的电荷与加速度 a 成正比。

（4）压电式加速度传感器和放大器等效电路见图 4-4。压电传感器的输出信号很弱小，必须进行放大，压电传感器所配接的放大器有两种结构形式：一种是带电阻反馈的电压放大器，其输出电压与输入电压（即传感器的输出电压）成正比；另一种是带电容反馈的电荷放大器，其输出电压与输入电荷量成正比。

电压放大器测量系统的输出电压对电缆电容 C_c 敏感。当电缆长度变化时，C_c 就变化，

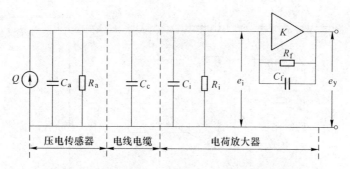

图 4-4 传感器 - 电缆 - 电荷放大器系统的等效电路图

使得放大器输入电压 e_i 变化，系统的电压灵敏度也将发生变化，这就增加了测量的困难。电荷放大器则克服了上述电压放大器的缺点。它是一个高增益带电容反馈的运算放大器。当略去传感器的漏电阻 R_a 和电荷放大器的输入电阻 R_i 影响时，有

$$Q = e_i(C_a + C_c + C_i) + (e_i - e_y)C_f \tag{4-3}$$

式中，e_i 为放大器输入端电压；e_y 为放大器输出端电压，$e_y = -Ke_i$，K 为电荷放大器开环放大倍数；C_f 为电荷放大器反馈电容。设 $C = C_a + C_c + C_i$，并将 $e_y = -Ke_i$ 代入式（4-3），可得到放大器输出端电压 e_y 与传感器电荷 Q 的关系式：

$$e_y = \frac{-KQ}{(C + C_f) + KC_f} \tag{4-4}$$

当放大器的开环增益足够大时，则有 $KC_f \gg C + C_f$

式（4-4）可简化为

$$e_y = \frac{-Q}{C_f} \tag{4-5}$$

式（4-5）表明，在一定条件下，电荷放大器的输出电压与传感器的电荷量成正比，而与电缆的分布电容无关，输出灵敏度取决于反馈电容 C_f。所以电荷放大器的灵敏度调节，都是采用切换运算放大器反馈电容 C_f 的办法。采用电荷放大器时，即使连接电缆长度达百米以上，其灵敏度也无明显变化，这是电荷放大器的主要优点。

（5）压电加速度传感器实验原理、电荷放大器原理与实验面板如图 4-5、图 4-6 所示。

图 4-5 压电加速度传感器实验原理

4.2.3 需用器件与单元

机头中的悬臂双平行梁、激振器、压电传感器；显示面板中的低频振荡器；调理电路面板传感器输出单元中的压电、激振；调理电路面板中的电荷放大器、低通滤波器；双踪示波器。

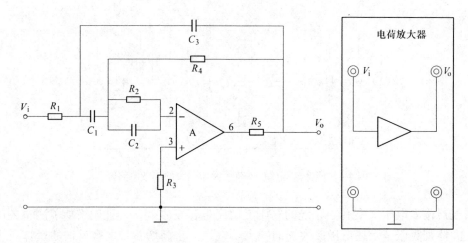

图 4-6 电荷放大器原理与实验面板

4.2.4 实验步骤

（1）按图 4-7 示意接线。

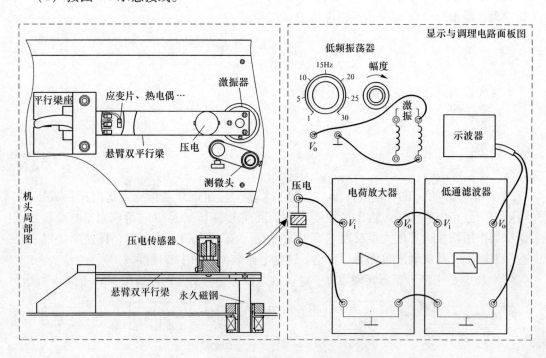

图 4-7 压电传感器测振动实验接线示意图

（2）将显示面板中的低频振荡器幅度旋钮顺时针缓慢转到底（低频输出幅度最大），调节低频振荡器的频率在 8 ~ 10Hz 左右。检查接线无误后合上主、副电源开关。再调节低频振荡器的幅度使振动台明显振动（如振动不明显，可继续调整低频振荡器的频率）。

（3）用示波器的两个通道，正确选择双踪示波器的"触发"方式及其他设置，TIME/DIV：在 50～20ms 范围内选择；VOLTS/DIV：在 1～0.1V 范围内选择，同时观察低通滤波器输入端和输出端波形。在振动台正常振动时用手指敲击振动台同时观察输出波形变化。

（4）改变低频振荡器的频率，观察输出波形变化。

（5）实验完毕，关闭所有电源开关。

4.2.5 思考题

（1）截取不同频率下低频振动器的振动信号与压电传感器测量到的振动信号，比较频率，相位与幅值是否有区别。

（2）振动信号在哪个频率范围内，压电传感器测量的振动信号不失真？

（3）分析电涡流传感器测量振动与压电传感器测量振动各自的特点。

4.3　光纤位移传感器测振动实验

4.3.1 实验目的

了解光纤传感器在振动测量中的应用。

4.3.2 所需单元及部件

光纤传感器，低频振荡器，差动放大器，激振线圈，主副电源，振动平台。

4.3.3 有关旋钮初始位置

低频振荡 1Hz，差动放大器增益顺时针轻轻旋至最大，然后再逆时针回转一点点。

4.3.4 实验步骤

（1）开启主副电源，将差动放大器调零，关闭主副电源。

（2）根据图 4-8 接线，差动放大器输出 V_o 接示波器。

（3）开启主副电源转动测微头，将振动平台中间的磁铁与测微头分离并远离，使梁振动时不至于再被吸住（这时振动平台处于自由静止状态）。

（4）低频振荡器的输出端与激振线圈相连后再用频率表监测频率。

（5）低频振荡器的幅度旋钮固定至某一位置，调节低频振荡器频率（频率表监测频率）。

（6）观察示波器波形。

4.3.5 思考题

（1）光纤传感器测量振动的原理？

（2）光纤传感器测位移与测振动的区别在哪里？

（3）光纤传感器在地质工程领域还有哪些应用？

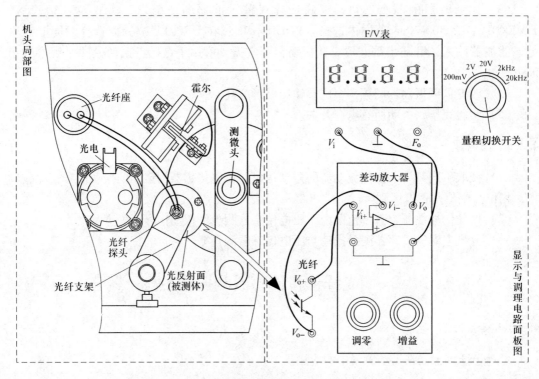

图 4-8   光纤传感器位移实验安装、接线示意图

4.4   应变片交流全桥的应用——振动测量实验

4.4.1   实验目的

了解利用应变交流电桥测量振动的原理与方法。

4.4.2   基本原理

应变仪测振动原理。图 4-9 所示为应变片测振动的实验原理。粘贴在应变梁上的应变片组成交流电桥,当应变梁的自由端受到振动信号 $F(t)$ 作用而振动时,粘贴在应变梁上的应变片产生相应的应变信号 dR/R,应变信号 dR/R 由振荡器提供的载波信号 $y(t)$ 经交流电桥调制成微弱调幅波,再经差动放大器放大为 $U_1(t)$,$U_1(t)$ 经相敏检波器检波解调为 $U_2(t)$,$U_2(t)$ 经低通滤波器滤除高频载波成分后输出应变片检测到的振动信号 $U_3(t)$(调幅波的包络线),$U_3(t)$ 再用显示器显示。图中,交流电桥就是一个调制电路,W_1、r、W_2、C 是交流电桥的平衡调节网络,移相器为相敏检波器提供同步检波的参考电压 $y(t)$。这也是实际应用中的动态应变仪原理。

移相器工作原理与相敏检波器工作原理请参阅 3.5.4.2 小节。

4.4.3   需用器件与单元

机头中的应变梁、激振器;显示面板中的音频振荡器、低频振荡器;调理电路面板传

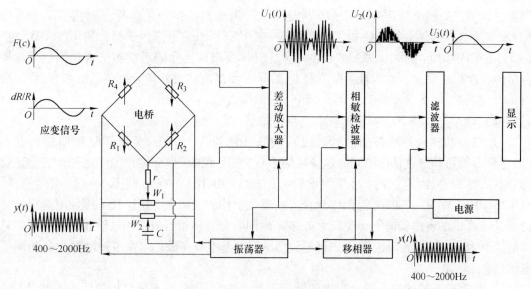

图 4-9 应变片测振动实验原理

感器输出单元中的箔式应变、激振；调理电路面板中的电桥、差动放大器、移相器、相敏检波器、低通滤波器；双踪示波器。

4.4.4 实验步骤

（1）调整测微头远离应变梁的自由端，不能妨碍自由端的上下运动。将显示面板上的音频、低频振荡器幅度逆时针轻轻转到底（幅值输出最小），按图 4-10 接线。检查接线无

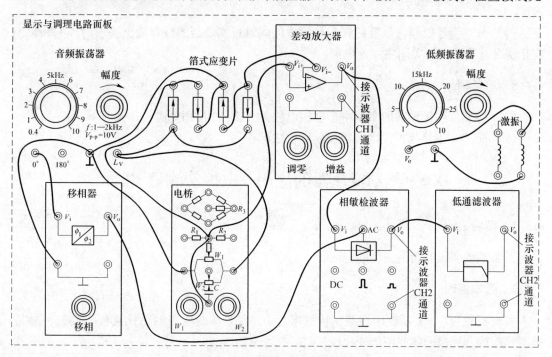

图 4-10 应变片振动测量实验接线图

误后，合上主、副电源开关。用示波器监测低频振荡器的信号，需要正确选择示波器的"触发"方式及其他设置，比如 TIME/DIV：在 $0.5 \sim 0.1$ms 范围内选择；VOLTS/DIV：在 $2 \sim 5$V 范围内选择。所列设置参数仅供参考，具体要根据实际的示波器结合被测信号选择合适的功能挡位设置。监测音频振荡器 L_v 的频率和幅值，调节音频振荡器的频率使 L_v 输出 1kHz 左右，幅度（峰峰值）调节到 $10V_{p-p}$ 供桥电压。

（2）调整好各环节、各单元电路，调整如下：

1）将差动放大器增益顺时针缓慢转到底（增益为 101 倍），再逆时针回转一点点（防电位器的可调触点在极限端点位置接触不良）。用示波器监测输出振动信号，需要正确选择示波器的"触发"方式及其他设置，比如 TIME/DIV：在 $0.5 \sim 0.1$ms 范围内选择；VOLTS/DIV：在 $50 \sim 200$mV 范围内选择。观察相敏检波器输出，用手往下压住应变梁的自由端（应变梁的自由端向下产生较大位移）的同时调节移相器的移相电位器，使示波器显示的波形为一个全波整流波形（如相邻波形的谷底基准有高低，可调节差动放大器的调零电位器）。

2）释放应变梁的自由端（自由端处于自然状态），再仔细调节电桥单元中的 W_1 和 W_2（交替调节），使示波器（相敏检波器输出）显示的波形幅值很小，接近为一水平线。

（3）将低频振荡器的频率调到 $8 \sim 10$Hz 左右，调节低频振荡器幅度旋钮，使应变梁的振动较为明显（如振动不明显再调节频率。注意事项：低频激振器幅值不要过大，以免应变梁的振幅过大而损坏应变片）。用示波器监测信号，需正确选择双踪示波器的"触发"方式及其他设置，比如，TIME/DIV：在 $50 \sim 20$ms 范围内选择；VOLTS/DIV：在 $50 \sim 200$mV 范围内选择。设置参数仅供参考，具体要根据示波器与被测信号选择合适的功能挡位设置。观察差动放大器（调幅波）、相敏检波器及低通滤波器（传感器信号）输出的波形。

（4）分别调节低频振荡器的频率和幅度的同时观察低通滤波器输出波形的周期和幅值变化情况。实验完毕关闭主、副电源。

4.4.5 思考题

（1）应变片测量振动的实验中，电桥电路是什么结构的电桥？

（2）简述移相器与相位检波器在应变仪中的作用。

4.5 差动变压器的应用——振动测量实验

4.5.1 实验目的

了解差动变压器测量振动的方法。

4.5.2 基本原理

参阅实验 3.5（差动变压器测量位移实验）。当差动变压器的衔铁连接杆与被测体连接时就能检测到被测体的位移变化或振动。

4.5.3 需用器件与单元

机头中的振动台、差动变压器；显示面板中音频振荡器、低频振荡器；调理电路面板传感器输出单元中的电感、激振；调理电路面板中的电桥、差动放大器、移相器、相敏检波器、低通滤波器；双踪示波器。

4.5.4 实验步骤

（1）调节测微头远离振动台，不能妨碍振动台的上下运动。按图 4-11 示意接线。

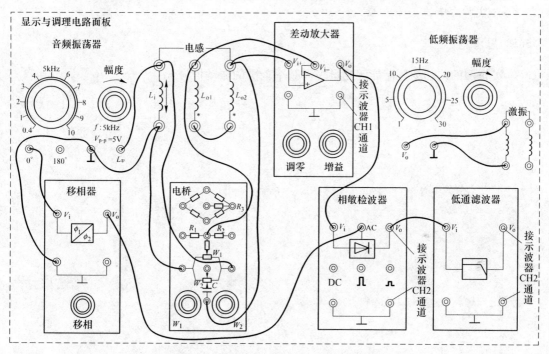

图 4-11　差动变压器振动测量接线示意图

（2）将音频振荡器和低频振荡器的幅度电位器逆时针轻轻转到底（幅度最小），并调整好有关部分。调整如下：

1）检查接线无误后合上主、副电源开关。用示波器监测音频振荡器 L_v 的频率和幅值，要正确选择双踪示波器的"触发"方式及其他设置（TIME/DIV：在 0.5～0.1ms 范围内选择；VOLTS/DIV：在 1～5V 范围内选择），调节音频振荡器的频率、幅度旋钮使 L_v 输出 4～6kHz 左右、$V_{p-p}=5V$ 的激励电压。

2）将差动放大器的增益电位器顺时针方向缓慢转到底，再逆时针回转 1/2。用示波器观察相敏检波器输出，再用手往下压住振动台的同时调节移相器的移相电位器，使示波器显示的波形为一个全波整流波形（如相邻波形谷底不在同一水平线上，则调节差动放大器的调零旋钮使相邻波形谷底在同一水平线上）。

3）释放振动台（振动台处于自然状态），再仔细调节电桥单元中的 W_1 和 W_2（二者反复交替调节），使示波器（相敏检波器输出）显示的波形幅值很小，接近一水平线。

（3）将低频振荡器的频率调到8Hz左右，调节低频振荡器幅度旋钮，使振动台振动较为明显（如振动不明显再调节频率）。用示波器观察差动放大器（调幅波）、相敏检波器及低通滤波器（传感器信号）输出的波形，此时，要正确选择双踪示波器的"触发"方式及其他设置（TIME/DIV：在50~20ms范围内选择；VOLTS/DIV：在1~0.1V范围内选择）。

（4）分别调节低频振荡器的频率和幅度的同时观察低通滤波器（传感器信号）输出波形的周期和幅值。

（5）做出差动放大器、相敏检波器、低通滤波器的输出波形。

（6）实验完毕，关闭电源。

4.5.5 思考题

本实验用的差动变压器能够测量多大频率范围的振动信号?

5 温度的测量

温度是一个基本的物理量，自然界中的一切过程都与温度密切相关。温度传感器是开发最早，应用最广的一类传感器。温度传感器的市场份额大大超过了其他传感器。从17世纪初人们就开始利用温度进行测量。在半导体技术的支持下，相继开发了半导体热电偶传感器、PN结温度传感器和集成温度传感器。根据波与物质的相互作用规律，又相继开发了声学温度传感器、红外传感器和微波传感器。

温度测量分为接触式测量和非接触式测量两大类。

（1）接触式测温：感温元件直接与被测对象接触，两者之间进行充分的热交换最后达到热平衡，这时感温元件的某一物理参量值就代表了被测对象的温度值。

接触式测温具体类型有如下几种：

1）膨胀式温度计：利用液体或气体的热膨胀及物质的蒸气压变化来测温。

2）热电阻温度计：利用固体材料的电阻随温度变化的原理来测温。

3）热电偶温度计：利用热电效应测量温度。

4）其他原理的温度计：有基于半导体温度效应的集成温度传感器、基于晶体固有频率随温度变化的石英晶体传感器。

接触式测温具有直观、可靠、仪表结构简单、精度高、稳定性好、价格低等优点。但是被测温度场的分布易受感温元件的影响，破坏温度场分布会造成测量误差，接触不好也会导致测量误差，如有腐蚀或高温的场合会对测温元件损坏大，因此，不能测温度太高和腐蚀性介质的温度。

（2）非接触式测温应用物体的热辐射能量随温度的变化而变化的原理。物体辐射能量的大小与温度有关，并且以电磁波形式向四周辐射。当选择合适的接收检测装置时，便可测得被测对象发出的热辐射能量并且转换成可测量和显示的各种信号，实现温度的测量。

非接触式测温的具体类型有如下几种：

1）辐射式测温：测温原理基于普朗克定理，如：光电高温计、辐射传感器、比色温度计。

2）光纤式测温：利用光纤的温度特性测温，或仅利用光纤作为传光介质测温。

非接触式测温避免了接触测温的某些缺点，不破坏温度场，有较高的测温上限，热惯性小。理论上不存在热接触式温度传感器的测量滞后和在温度范围上的限制，可测高温、腐蚀、有毒、运动物体及固体、液体表面的温度，不干扰被测温度场，但精度一般不高。

5.1 热电偶的原理及现象实验

5.1.1 实验目的

掌握热电偶的结构、测温原理以及特征与应用。

5.1.2 基本原理

1821 年德国物理学家赛贝克（T. J. Seebeck）发现和证明了两种不同材料的导体 A 和 B 组成的闭合回路，当两个结点温度不相同时，回路中将产生电动势。这种物理现象称为热电效应（赛贝克效应）。

热电偶测温原理是利用热电效应。如图 5-1 所示，热电偶就是将 A 和 B 两种不同金属材料的一端焊接而成。A 和 B 称为热电极，焊接的一端是接触热场 T 的一端，称为工作端或测量端，也称热端；未焊接的一端处在标准温度场 T_0 中，称为自由端或参考端，也称冷端；延长线 C 是用来连接测量仪表的两根导线，这两根导线 C 是同种材料，但是可以与 A 和 B 是不同种材料。

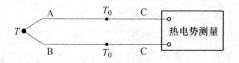

图 5-1 热电偶的结构

T 与 T_0 的温差愈大，热电偶的输出电动势愈大；温差为 0 时，热电偶的输出电动势为 0。因此，热电动势大小可以衡量温度的大小。国际上，将热电偶的 A、B 热电极材料不同分成若干分度号，并且有相应的分度表，即参考端温度为 0℃时的测量端温度与热电动势的对应关系表，可以通过测量热电偶输出的热电动势值查分度表可得到相应的温度值。热电偶一般用来测量较高的温度，应用在冶金、化工和炼油等行业。

本实验只是定性了解热电偶的热电势现象，实验仪所配的热电偶是由铜-康铜组成的简易热电偶，分度号为 T。实验仪有两个热电偶，它们封装在悬臂双平行梁上、下梁的上、下表面中，两个热电偶串联在一起，产生的热电势为二者之和。

5.1.3 需用器件与单元

机头平行梁中的热电偶、加热器；显示面板中的 F/V 表（或电压表）、−15V 电源；调理电路面板中传感器输出单元中的热电偶、加热器；调理电路单元中的差动放大器；室温温度计。

5.1.4 实验步骤

（1）热电偶无温差时差动放大器调零：将电压表量程切换到 2V 挡，按图 5-2 示意接线，检查接线无误后合上主、副电源开关。将差动放大器的增益电位器顺时针方向缓慢转到底（增益为 101 倍），再逆时针回转一点点（防止电位器的可调触点在极限端点位置接触不良）；再调节差动放大器的调零旋钮，使电压表显示 0V 左右，再将电压表量程切换到 200mV 挡继续调零，使电压表显示 0V。并记录下自备温度计所测的室温 t_n。

（2）将−15V 直流电源接入加热器的一端，加热器的另一端接地，如图 5-3 所示。观察电压表显示值的变化，待显示值稳定不变时记录下电压表显示的电压值。此电压值为两个铜 康铜热电偶串联经放大 100 倍后的热电势。

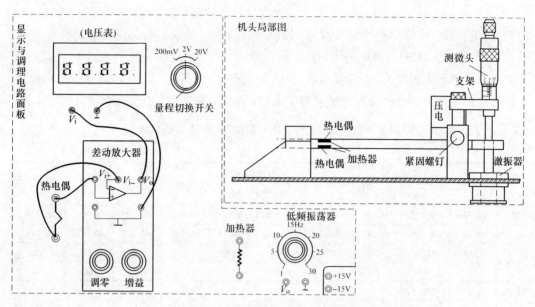

图 5-2　热电偶无温差时差动放大器调零接线示意图

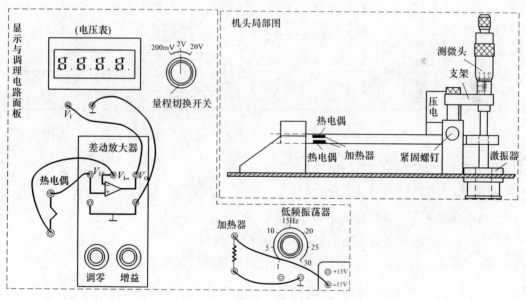

图 5-3　热电偶测温实验接线示意图

（3）根据热电偶的热电势与温度之间的关系式：

$$E(t, t_0) = E(t, t_n) + E(t_n, t_0) \tag{5-1}$$

式中，t 为热电偶的热端（工作端或称测温端）温度；t_n 为热电偶的冷端（自由端即热电势输出端），温度也就是室温；t_0 为 0℃。

1）首先计算热端温度为 t，冷端温度为室温时热电势：

$$E(t, t_n) = \frac{\text{Volmeter}}{100} \times 2 \tag{5-2}$$

式中，Volmeter 为电压表示数；100 为差动放大器的放大倍数；2 为两个热电偶。

2）其次查所附铜 康铜热电偶分度表，如表 5-1 所示，得到热端温度为室温（温度计测得），冷端温度为 0℃时的热电势 $E(t_n, t_0)$。

3）最后计算热端温度为 t，冷端温度为 0℃时的热电势：$E(t, t_0) = E(t, t_n) + E(t_n, t_0)$，根据计算结果，查分度表得到所测温度 t（加热器功率较小，升温 10℃左右）。

表 5-1 铜 康铜热电偶分度表（自由端温度为 0℃时，t-mV 对应值）

分度号：T（自由端温度 0℃）

工作端温度/℃	热电动势/mV									
	0	1	2	3	4	5	6	7	8	9
−10	−0.383	−0.421	−0.459	−0.496	−0.534	−0.571	−0.608	−0.646	−0.683	−0.720
0	−0.000	−0.039	−0.077	−0.116	−0.154	−0.193	−0.231	−0.269	−0.307	−0.345
0	0.000	0.039	0.078	0.117	0.156	0.195	0.234	0.273	0.312	0.351
10	0.391	0.430	0.470	0.510	0.549	0.589	0.629	0.669	0.709	0.749
20	0.789	0.830	0.870	0.911	0.951	0.992	1.032	1.073	1.114	1.155
30	1.196	1.237	1.279	1.320	1.361	1.403	1.444	1.486	1.528	1.569
40	1.611	1.653	1.695	1.738	1.780	1.822	1.865	1.907	1.950	1.992
50	2.035	2.078	2.121	2.164	2.207	2.250	2.294	2.337	2.380	2.424
60	2.467	2.511	2.555	2.599	2.643	2.687	2.731	2.775	2.819	2.864
70	2.908	2.953	2.997	3.042	3.087	3.131	3.176	3.221	3.266	3.312
80	3.357	3.402	3.447	3.493	3.538	3.584	3.630	3.676	3.721	3.767
90	3.813	3.859	3.906	3.952	3.998	4.044	4.091	4.137	4.184	4.231
100	4.277	4.324	4.371	4.418	4.465	4.512	4.559	4.607	4.654	4.701

（4）将加热器的−15V 电源断开，观察电压表显示值是否下降。实验完毕，关闭所有电源。

5.1.5 思考题

（1）热电偶产生的热电势都包含哪两部分？

（2）为什么组成热电偶的两个电极必须采用不同的材料？

（3）为了连接显示仪表，用导体将热电偶的参考端进行延长，会不会影响测量结果，为什么？

5.2 NTC 热敏电阻温度特性实验

5.2.1 实验目的

定性了解 NTC 热敏电阻的温度特性。

5.2.2 实验原理

热敏电阻的温度系数有正有负，因此分成两类：

（1）PTC 热敏电阻（PTC-positive temperature coefficient），具有正温度系数，即温度升高而电阻值变大；

（2）NTC 热敏电阻（NTC-nagative temperature coefficient），具有负温度系数，即温度升高而电阻值变小。一般 NTC 热敏电阻测量范围较宽，主要用于温度测量；而 PTC 突变型热敏电阻的温度范围较窄，一般用于恒温加热控制或温度开关，也用于彩色电视机中作自动消磁元件。有些功率 PTC 也作为发热元件用。PTC 缓变型热敏电阻可用作温度补偿或温度测量。

一般的 NTC 热敏电阻大都是用 Mn、Co、Ni、Fe 等过渡金属氧化物按一定比例混合，采用陶瓷工艺制备而成的，它们具有 P 型半导体的特性。热敏电阻具有体积小、重量轻、热惯性小、工作寿命长、价格便宜，并且本身阻值大，不需考虑引线长度带来的误差，适用于远距离传输等优点。但热敏电阻也有非线性大、稳定性差、老化现象、误差较大、离散性大（互换性不好）等缺点，一般只适用于低精度的温度测量，一般适用于 $-50 \sim 300℃$ 的低精度测量及温度补偿、温度控制等各种电路中。NTC 热敏电阻 R_T 温度特性实验原理如图 5-4 所示，恒压电源供电 $V_S = 2V$，W_{2L} 为采样电阻（可调节）。计算公式为

$$V_i = \frac{W_{2L}}{R_T + W_2} \cdot V_S \tag{5-3}$$

式中，$V_S = 2V$；R_T 为热敏电阻、W_{2L} 为 W_2 活动触点到地的阻值，作为采样电阻。

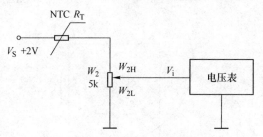

图 5-4　热敏电阻温度特性实验原理

5.2.3　需用器件与单元

机头平行梁中的热敏电阻、加热器；显示面板中的 F/V 表（或电压表）、$±2 \sim ±10V$ 步进可调直流稳压电源、$-15V$ 直流稳压电源；调理电路面板中传感器输出单元中的 R_T 热敏电阻、加热器；调理电路单元中的电桥；数显万用表。

5.2.4　实验步骤

（1）用数显万用表的 $20kΩ$ 电阻挡测一下 R_T 热敏电阻在室温时的阻值。R_T 是一个黑色（兰色或棕色）圆珠状元件，封装在双平行梁的上梁表面。加热器的阻值为 $100Ω$ 左右，封装在双平行应变梁的上下梁之间，如图 5-5 所示。

（2）调节 NTC 热敏电阻在室温时输出为 $100mV$：将 $±2 \sim ±10V$ 步进可调直流稳压电源切换到 2V 挡，按图 5-6 接线，将 F/V 表切换开关置 2V 挡，检查接线无误后合上主电源开关。调节 W_2 使 F/V 表显示为 $100mV$。

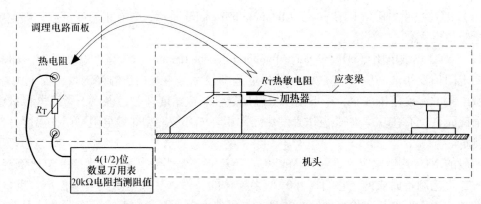

图 5-5　R_T 热电阻室温阻值测量示意图

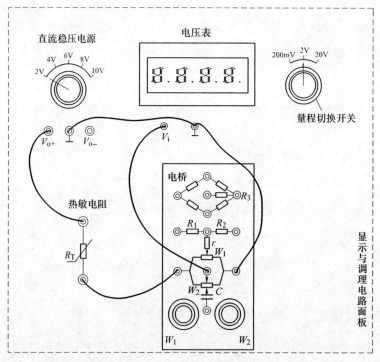

图 5-6　NTC 热敏电阻在室温时输出为 100mV 接线图

（3）将加热器接到 –15V 稳压电源上，如图 5-7 所示，加热大约 5~6min 时间，期间观察数显万用表以及 F/V 表的显示变化。再将加热器电源去掉，观察数显万用表与 F/V 表的显示变化。

（4）实验完毕，关闭所有电源。

5.2.5　思考题

定性的总结试验现象，当温度升高时，R_T 阻值与热电动势 V_i 变化规律。当温度下降时，R_T 阻值与热电动势 V_i 变化规律。

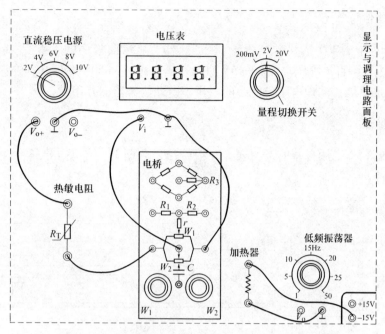

图 5-7　NTC 热敏电阻受热时温度特性实验接线图

5.3　PN 结温度传感器温度特性实验

5.3.1　实验目的

定性了解 PN 结温度传感器的温度特性。

5.3.2　基本原理

晶体二极管、三极管的 PN 结正向电压是随温度变化而变化的，利用 PN 结的这个温度特性可制成 PN 结温度传感器。目前用于制造温敏二极管的材料主要有锗、硅、砷化镓、碳化硅等。对于硅二极管，当电流保持不变时，温度每升高 1℃，正向电压下降约 2mV。它的温度系数为−2mV/℃，具有线性好、时间常数小（0.2~2s）、灵敏度高等优点，测温范围为−50~+120℃。其不足之处是离散性较大，互换性较差。PN 结测温特性实验原理如图 5-8 所示。

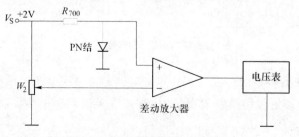

图 5-8　PN 结测温特性实验原理

5.3.3   需用器件与单元

机头平行梁中的 PN 结（硅二极管）、加热器；显示面板中的 F/V 表（或电压表）、±2～±10V 步进可调直流稳压电源、−15V 直流稳压电源；调理电路面板中传感器输出单元中的 PN 结、加热器；调理电路单元中的电桥、差动放大器；万用表。

5.3.4   实验步骤

（1）根据图 5-9，用自备的万用表（二极管挡）判断 PN 结单向导通特性（可互换万用表表笔判断）。

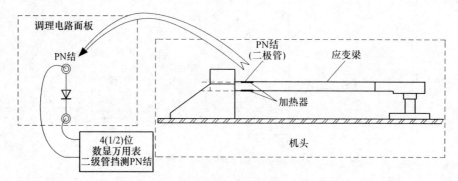

图 5-9   PN 结单向导通特性判断

（2）差动放大器调零：在显示调理电路面板上按图 5-10 示意接线。将电压表的量程切换开关切换到 200mV 挡，检查接线无误后合上主、副电源开关。将差动放大器的增益电位器按顺时针方向缓慢转到底，再逆时针回转一点点（防止电位器的可调触点在极限端点位置接触不良），调节差动放大器的调零电位器，使电压表显示电压为 0。关闭主、副电源。

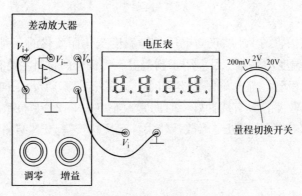

图 5-10   差动放大器调零接线图

（3）PN 结室温时调零：将 ±2～±10V 步进可调直流稳压电源切换到 2V 挡，按图 5-11 示意图接线，将电压表量程切换到 2V 挡，检查接线无误后合上主、副电源开关。调节电桥中的 W_2 使电压表显示为 0。

（4）PN 结受热时温度特性：将 −15V 稳压电源接到加热器上，如图 5-12 所示，观察

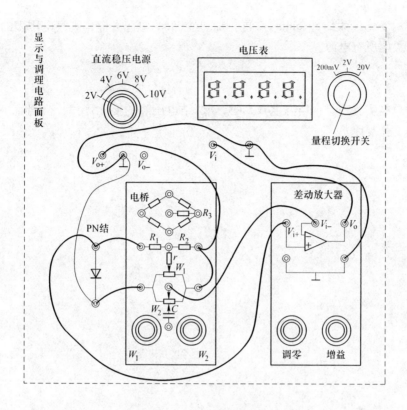

图 5-11 PN 结室温时调零接线图

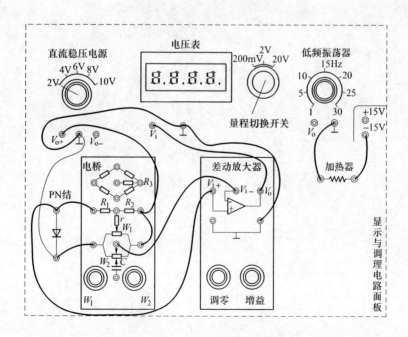

图 5-12 PN 结受热时温度特性实验接线图

电压表的显示变化（大约 5~6min）。再将加热器−15V 电源去掉，观察电压表的显示变化。实验完毕，关闭所有电源。

5.3.5 思考题

定性的总结实验现象：当温度升高时，PN 结电压降的变化规律；当温度下降时，PN 结电压降的变化规律。

6 转速的测量

转速，是性能测试中的一个重要特性量参，动力机械的许多特性参数确定都离不开与转速相关的函数关系，所以转速测量是工业生产各个领域的要点。

转速测量的方法分为两大类：直接法和间接法。直接法即直接观测机械或电机的机械运动，测量特定时间内机械运转规律从而测出机械运动的转速。间接法是通过测量因机械或电机机械运动而产生的其他物理量变化与转速之间的关系来间接确定转速。因机械或电机的机械运动而产生的变化并与转速有关的物理量有很多，所以间接测量转速的方法有很多。

（1）光电码盘转速测量法（见图6-1）。光电码盘测速法是在电机转子端轴上固定一个光电码盘，光电码盘上设置有一个或多个能透光的光栅，每个光栅背后都有一个光敏元件对应。随着电机转动，光电码盘也随着转动，当固定光源照射在光电码盘上时，透过光栅的光被光敏元件接收并产生脉冲电信号。假如光电码盘的编码数为1，在时间 t 内测量得到的脉冲数为 N，则转速

$$n = \frac{60N}{t} \quad (\text{r/min})$$

码盘上的编码数量越多，测量精度也越高。

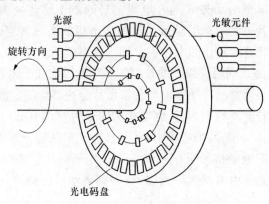

图 6-1　光电码盘测速原理示意图

（2）霍尔元件转速测量法（见图6-2）。顾名思义，此方法是利用霍尔开关元件测转速的。跟光电码盘测速一样，霍尔元件测速法也是在电机转轴上安装一个圆盘，圆盘上分布若干对小磁钢，小磁钢越多，分辨率越高，霍尔开关则固定在小磁钢附近。当电机转动时，圆盘上的小磁钢会依次经过霍尔开关，每一个小磁钢经过，霍尔开关便会输出一个脉冲，计算单位的脉冲数就可以确定旋转体的转速了。

（3）离心式转速测量法。离心式转速表是利用物体旋转时产生的离心力来测量转速

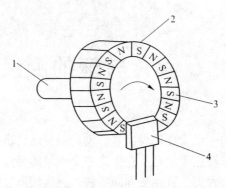

图 6-2　霍尔元件测速示意图
1—输入轴；2—转盘；3—小磁钢；4—霍尔传感器

的。我们都知道离心力与转速的换算公式为

$$F = r \times 11.18 \times 10^{-6} \times n^2$$

式中，F 为离心力，g；r 为轨迹曲率半径；n 为转速，r/min。

　　当离心式转速表的转轴随被测物体转动时，离心器上的重物在惯性离心力作用下离开轴心，并通过传动系统带动指针回转。当指针上的弹簧反作用力矩和惯性离心力矩相平衡时，指针停止在偏转后所指示的刻度值处，即为被测转速值。这就是离心式转速表的原理。测转速时，转速表的端头要插入电机转轴的中心孔内，转速表的轴要与电机的轴保持同心，否则影响准确读数。

　　(4) 测速发电机转速测量法。测速发电机即为输出电动势与转速成比例的微型特种电机。利用直流发电机的电枢电动势 E 与发电机的转速成正比这一关系测量转速。测转速时，测速发电机连续接到被测电机的轴端，将被测电机的机械转速变换为电压信号输出，在输出端接一个刻度以转速为单位的电压表，即可读出转速。

　　(5) 闪光转速测量法。利用可调脉冲频率的专用电源施加于闪光灯上，将闪光灯的灯光照到电机转动部分，当调整脉冲频率使黑色扇形片静止不动时，此时脉冲的频率与电机转动的转速是同步的。若脉冲频率为 f，则电机的转速为 $60f$ (r/min)。

　　(6) 漏磁转速测量法。漏磁测速法利用了异步电动机的转子在旋转磁场中切割磁力线产生感应电流的频率，即电动机转子频率和电动机定子电压频率的差频。此差频乘以 60 就得到异步电动机的转差，由电网频率乘以 60 得到电动机的同步转速，同步转速减去转差就得到电动机的转速。

　　传统的测量电机转速的方式一般采用在电机的轴伸端安装光电式传感器，编码器的方法来实现，这适用于电机轴身外露的转速测量场合。但现有的电潜油泵机组及潜水泵机组，基本上都由电动机、离心泵、保护器和分离器等组成，没有外露的旋转部件，因此无法安装光电式传感器及编码器。部分用户采用振动法测量其转速，即采用进口的振动转速表测量，误差较大，且价格不菲，而在做整机实验时系统是密封的，机组平衡较好，也无法进行测试。

　　此类转速传感器是非接触式测量，采用感应式测量原理，可以解决电机旋转部件不外露、转速无法进行测量的难题。

本章实验主要介绍了磁电式传感器、光电式传感器以及光纤传感器在转速测量方面的应用。通过实验，了解不同传感器测量转速时的特点。

6.1 磁电式传感器特性实验

6.1.1 实验目的

了解磁电式测量转速的原理。

6.1.2 基本原理

磁电传感器是一种将被测物理量转换成为感应电势的有源传感器（不需要电源激励），也称为电动式传感器或感应式传感器。根据电磁感应定律，一个匝数为 N 的线圈在磁场中切割磁力线时，穿过线圈的磁通量发生变化，线圈两端就会产生出感应电势，线圈中感应电势：$e = -N\dfrac{\mathrm{d}\Phi}{\mathrm{d}t}$。线圈感应电势的大小在线圈匝数一定的情况下与穿过该线圈的磁通变化率成正比。当传感器的线圈匝数和永久磁钢选定（即磁场强度已定）后，使穿过线圈的磁通发生变化的方法通常有两种：一种是让线圈和磁力线做相对运动，即利用线圈切割磁力线而使线圈产生感应电势；另一种则是把线圈和磁钢部固定，靠衔铁运动来改变磁路中的磁阻，从而改变通过线圈的磁通。因此，磁电式传感器可分成两大类型：动磁式及可动衔铁式（即可变磁阻式）。本实验应用动磁式磁电传感器，是速度型传感器 $e = -N\dfrac{\mathrm{d}\Phi}{\mathrm{d}t}$，实验原理如图 6-3 所示。

图 6-3 实验原理

6.1.3 需用器件与单元

机头中的振动台、激振器、磁电传感器；显示面板中的低频振荡器；调理电路面板传感器输出单元中的磁电、激振；调理电路面板中的差动放大器、低通滤波器；双踪示波器（自备）。

6.1.4 实验步骤

（1）调节测微头远离振动台，不能妨碍振动台的上下运动。按图 6-4 示意接线，用示波器监测差动放大器及低通滤波器（传感器）的输出，需要正确选择双踪示波器的"触发"方式及其他设置，比如 TIME/DIV：在 50～20ms 范围内选择；VOLTS/DIV：在 1～0.1V 范围内选择。

（2）将低频振荡器幅度旋钮顺时针转到底（低频输出幅度最大），将低频振荡器的频率调到8Hz 左右，将差动放大器的增益电位器顺时针方向缓慢转到底，再逆时针回转1/2。检查接线无误后合上主、副电源开关，调节差动放大器的调零电位器使示波器的轨迹线

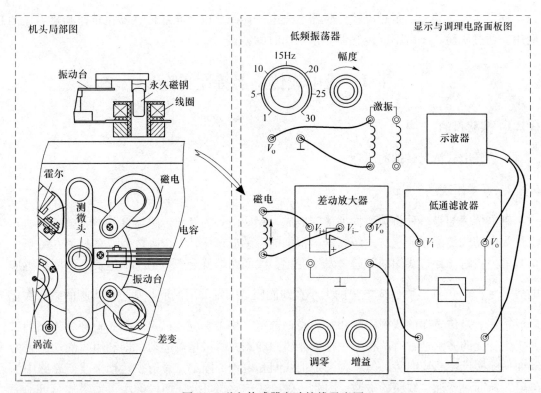

图 6-4　磁电传感器实验接线示意图

（扫描线）移到中间（当示波器设置在 DC 挡有效）。

（3）调节低频振荡器幅度旋钮，使振动台振动较为明显（如振动不明显再调节频率），观察低通滤波器（传感器信号）输出波形的周期和幅值。

（4）在振动台起振范围内调节低频振荡器的频率观察输出波形的周期和幅值，调节低频振荡器的幅度观察输出波形的周期和幅值。

（5）从实验现象分析磁电传感器的特性（提示：与振动台的频率有关）。实验完毕，关闭所有电源。

6.2　光电传感器测转速实验

6.2.1　实验目的

了解光电转速传感器测量转速的原理及方法。

6.2.2　基本原理

光电式传感器的工作原理为光电效应。光电传感器可以分为模拟型传感器以及脉冲型传感器。

模拟型传感器又可以分为反射式、透射式、吸收式和辐射式，如图 6-5 所示，工作原理是基于光电元件的光电特性，即光电流与光强度之间的关系。光电流与被测量之间呈单值对应关系，可以将被测量转换为连续变化的光电流，从而实现对被测量的检测。

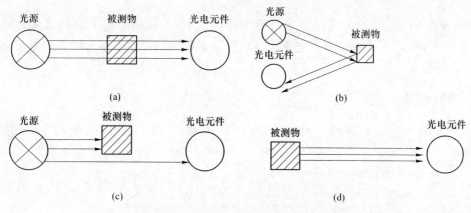

图 6-5 模拟式光电传感器的工作原理

（a）吸收式；（b）反射式；（c）透射式；（d）辐射式

　　脉冲型传感器的工作原理如图 6-6 所示，由光源与光电元件组成，当光源发出的光透过转盘上的通孔或者被转盘上的反光片射到光电元件上，光电元件就可以接收到一个光信号，即脉冲光信号，经过调理电路，将脉冲光信号转换为脉冲电信号。通过计算脉冲电信号出现的频率 f，就可以获得转盘的转速。如果转盘上的孔的个数或者感光片的个数为 N，转速 $n(\mathrm{r/min})$ 与电信号出现的频率 f（个/s）之间的关系为

$$n = \frac{60f}{N}$$

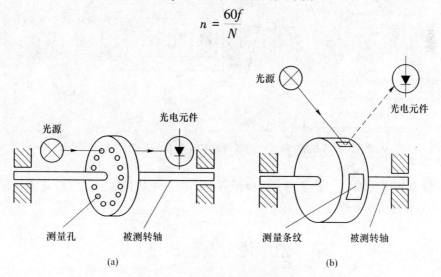

图 6-6 脉冲式光电传感器工作原理

（a）透射式；（b）反射式

　　本实验装置为脉冲式光电传感器，实验原理框图如图 6-7 所示。

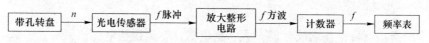

图 6-7 光纤传感器测量转速实验原理

6.2.3 所需单元及部件

机头中的小电机、光电传感器（已装在转速盘上）；显示面板中的 F/V 表、电机控制、±2~±10V 步进可调直流稳压电源；调理电路面板传感器输出单元中的光电传感器输出模块"光电"。

6.2.4 实验步骤

（1）按图 6-8 所示接线，将 F/V 表切换到频率 2kHz 挡。直流稳压电源调到 10V 挡。

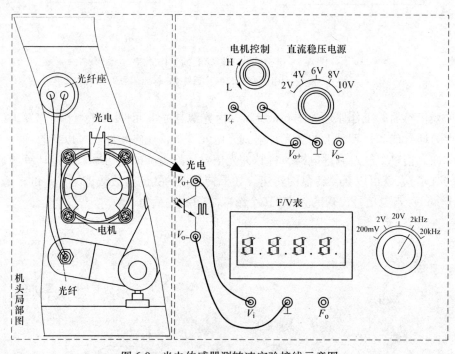

图 6-8　光电传感器测转速实验接线示意图

（2）检查接线无误后，合上主、副电源开关，调节电机控制旋钮，F/V 表显示相应的频率 f，计算转速 n。实验完毕，关闭主、副电源。

6.3　光纤传感器测转速实验

6.3.1　实验目的

了解光纤传感器在转速测量中的应用。

6.3.2　所需单元及部件

光纤传感器；电机；差动放大器；主、副电源；直流稳压电源。

6.3.3 有关旋钮初始位置

直流稳压电源+2V挡；差动放大器增益旋钮顺时针最大位置，然后逆时针回旋一点点。

6.3.4 实验步骤

（1）开启主、副电源，将差动放大器调零，关闭主、副电源。

（2）根据实验3.3（光纤传感器测位移实验）接线，差动放大器输出接示波器。

（3）将光纤传感器放到电机上方，调到合适位置。

（4）给电机加一个+10V电压，旋转电位器使电机转动。

（5）观察示波器波形。

其他物理量的测量

在工程中，依然有许多其他的物理量需要我们测量，比如在隧道施工中，需要时刻测量并监控隧道中有毒、有害气体浓度，如瓦斯，CO、CO_2、H_2S 等，其中由机车燃烧燃料不完全以及隧道内围岩在高温高压条件下析出的 CO 气体对人的生命安全威胁较大，因此为了保证隧道的安全施工，常常配备有相应警报装置检测有毒、有害气体浓度。再比如说在钻井施工中，需要实时监测钻井液压力，避免在工业生产中发生井喷事故，需要测量材料的厚度是否达标，或者鉴别材料的材质是否合格等等。实际上，除了对常用的位移、应变、振动等物理量的测量，其他参数的测量也非常重要。

本章主要介绍了压力、材料识别、空气湿度、气体浓度的测量方法。

7.1 压阻式压力传感器的压力测量实验

7.1.1 实验目的

了解扩散硅压阻式压力传感器测量压力的原理和标定方法。

7.1.2 基本原理

扩散硅压阻式压力传感器的工作机理是半导体应变片的压阻效应，在半导体受力变形时会暂时改变晶体结构的对称性，因而改变了半导体的导电机理，使它的电阻率发生变化，这种物理现象称之为半导体的压阻效应。一般压阻式压力传感器采用 N 型单晶硅作为传感器的弹性元件，在它上面直接蒸镀扩散出多个半导体电阻应变薄膜（扩散出敏感栅）组成电桥。在压力（压强）作用下弹性元件产生应力，半导体电阻应变薄膜的电阻率产生很大变化，引起电阻变化，经电桥转换成电压输出，输出电压的变化反映了所受到的压力变化。图 7-1 所示为压阻式压力传感器压力测量实验原理。

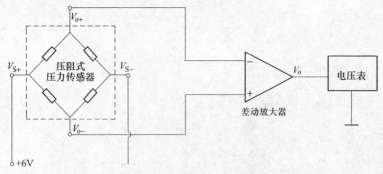

图 7-1 压阻式压力传感器压力测量实验原理

7.1.3 需用器件与单元

机头压力传感器；显示面板中的 F/V 表（或电压表）、±2～±10V 步进可调直流稳压电源；调理电路面板传感器输出单元中的压阻式压力传感器；调理电路单元中的差动放大器；铜三通引压胶管、手捏气泵、压力表。

7.1.4 实验步骤

（1）将机头上的压力传感器用铜三通引压胶管与压力表和手捏气泵连接好（见图 7-2），并松开手捏气泵的单向阀。

（2）在显示与调理电路面板上按图 7-3 接线（注意：压阻的电源端 V_S 与输出端 V_o 不能接错）。将 F/V 表（或电压表）量程切换开关切到 2V 挡，可调直流稳压电源切到 6V

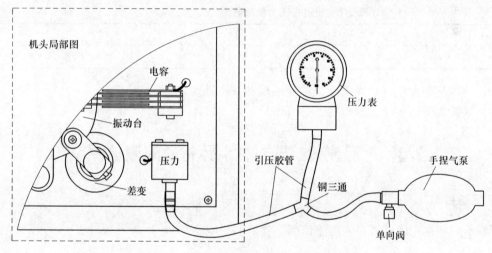

图 7-2 压阻式压力传感器测压实验连接图

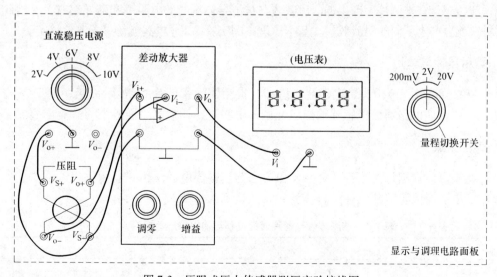

图 7-3 压阻式压力传感器测压实验接线图

挡。检查接线无误后合上主、副电源开关，将差动放大器的增益电位器按顺时针方向缓慢转到底后再逆向回转 1/3，调节调零电位器，使电压表显示电压为零。

（3）锁紧手捏气泵的单向阀，仔细地反复手捏（注意：用力不要过大）气泵并同时观察压力表，压力上升到 4kPa 左右时调节差动放大器的调零电位器，使电压表显示为相应的 0.4V 左右。再仔细地反复手捏气泵让压力上升到 19kPa 左右时调节差动放大器的增益电位器，使电压表相应显示 1.9V 左右。

（4）仔细地慢悠悠松开手捏气泵的单向阀，使压力慢慢下降到 4kPa 时锁紧气泵的单向阀，调节差动放大器的调零电位器，使电压表显示为相应的 0.400V。再仔细地反复手捏气泵，让压力上升到 19kPa 时调节差动放大器的增益电位器，使电压表相应显示 1.900V。

（5）重复步骤（4）过程，直到认为已达到足够精度时，调节手捏气泵使压力在 3~19kPa 之间变化，每上升 1kPa 气压时分别读取电压表读数，将数值列于表 7-1 中。

表 7-1　压阻式压力传感器测压实验数据

P/kPa									
V_o/V									

（6）画出实验曲线，计算本系统的灵敏度和非线性误差。

（7）实验完毕，关闭所有电源。

7.2　电涡流传感器对被测体材质的测量

7.2.1　实验目的

了解不同的被测体材料对电涡流传感器性能的影响。

7.2.2　基本原理

电涡流传感器在被测体上产生的涡流效应与被测导体本身的电阻率和磁导率有关，因此不同的材料就会产生不同的涡流效应。基本原理参阅实验 3.1（电涡流传感器测位移实验）。

7.2.3　需用器件与单元

机头中的振动台、测微头、电涡流传感器、被测体（铝圆片）；显示面板中的 F/V 表（或电压表）；调理电路面板传感器输出单元中的电涡流、调理电路面板中的涡流变换器。

7.2.4　实验步骤

（1）将被测体铁圆片换成铝圆片，实验方法与步骤同电涡流传感器测位移实验。

（2）按电涡流传感器测位移进行实验，将数据列入表 7-2、表 7-3。

表 7-2　被测体为铁圆片时的位移与输出电压数据

X/mm										
V_o/V										

表7-3　被测体为铝圆片时的位移与输出电压数据

X/mm										
V_o/V										

（3）根据上表的实验数据，在同一坐标上画出实验曲线进行比较，分别计算灵敏度和线性度。实验完毕，关闭电源。

7.3　气敏传感器对气体浓度的测量实验

7.3.1　实验目的

了解气敏传感器原理及特性。

7.3.2　基本原理

气敏传感器是指能将被测气体浓度转换为与其成一定关系的电压输出的装置或器件。它一般可分为半导体式、接触燃烧式、红外吸收式、热导率变化式等等。本实验采用的是TP-3集成半导体气敏传感器，该传感器的敏感元件由纳米级 SnO_2（氧化锡）及适当掺杂混合剂烧结而成，具有微珠式结构，是对酒精敏感的电阻型气敏元件。当受到酒精气体作用时，它的电阻值变化经相应电路转换成电压输出信号，输出信号的大小与酒精浓度对应。传感器对酒精浓度的响应特性曲线、实物及原理如图7-4所示。

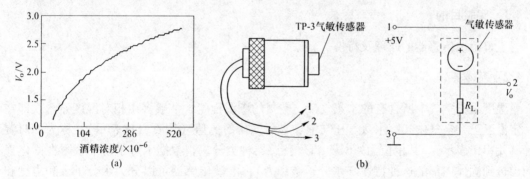

图7-4　酒精传感器响应特性曲线、实物及原理
（a）TP-3酒精浓度-输出曲线；（b）传感器实物、原理

7.3.3　需用器件与单元

主机箱电压表、+6V直流稳压电源；气敏传感器、酒精棉球（自备）。

7.3.4　实验步骤

（1）按图7-5示意接线（1—红色+6V，3—黑色，2—蓝色）。

（2）将电压表量程切换到20V挡。检查接线无误后合上主机箱电源开关，传感器通电时间较长，至少5min后才能工作，因为传感器长时间不通电，内阻会很小，上电后 V_o

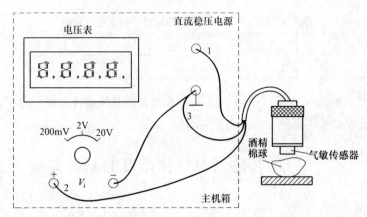

图 7-5   气敏（酒精）传感器实验接线示意图

输出很大，不能即时进入工作状态。

（3）等待传感器输出 V_o 较小（小于 1.5V）时，用自备的酒精小棉球靠近传感器端面并吹两次气，使酒精挥发进入传感网内，观察电压表读数变化并对照响应特性曲线得到酒精浓度。

（4）实验完毕，关闭电源。

7.4   湿敏传感器对空气湿度的测量实验

7.4.1   实验目的

了解湿敏传感器的原理及特性。

7.4.2   基本原理

湿度是指空气中所含有的水蒸气量。空气的潮湿程度，一般多用相对湿度概念，即在一定温度下，空气中实际水蒸气压与饱和水蒸气压的比值（用百分比表示），称为相对湿度（用 RH 表示）。其单位为％RH。湿敏传感器种类较多，根据水分子易于吸附在固体表面渗透到固体内部的这种特性（水分子亲和力），湿敏传感器可以分为水分子亲和力型和非水分子亲和力型，本实验采用的是集成湿度传感器。该传感器的敏感元件采用的属水分子亲和力型中的高分子材料湿敏元件（湿敏电阻）。它的原理是将具有感湿功能的高分子聚合物（高分子膜）涂敷在带有导电电极的陶瓷衬底上，水分子的存在会影响高分子膜内部导电离子的迁移率，从而形成阻抗随相对湿度变化呈对数变化的关系。由于湿敏元件阻抗随相对湿度变化呈对数变化，一般应用时都会经放大转换电路处理将对数变化转换成相应的线性电压信号输出，并制成湿度传感器模块的形式。湿敏传感器实物、原理如图 7-6 所示。当传感器的工作电源为（+5±5％）V 时，湿度与传感器输出电压对应曲线如图 7-7 所示。

7.4.3   需用器件与单元

主机箱电压表、+6V 直流稳压电源；湿敏传感器、湿敏座、潮湿小棉球（自备）、干燥剂（自备）。

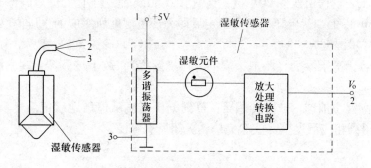

图 7-6 湿敏传感器实物、原理

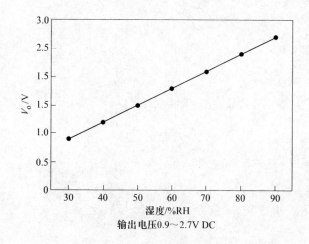

输出电压0.9～2.7V DC

图 7-7 湿度 输出电压曲线

7.4.4 实验步骤

（1）按图 7-8 示意接线（1—红色+6V，2—蓝色，3—黑色）。

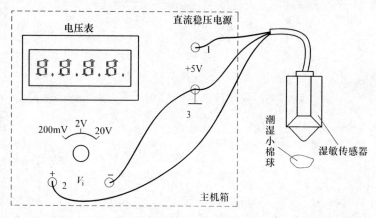

图 7-8 湿敏传感器实验接线示意图

（2）将电压表量程切换到 20V 挡，检查接线无误后，合上主机箱电源开关，传感器通电先预热 5min 以上，待电压表显示稳定后即为环境湿度所对应的电压值（查湿度—输出电压曲线得到环境湿度）。

（3）加入若干量干燥剂（不放干燥剂为环境湿度），放上传感器，观察电压表显示值的变化。

（4）加入潮湿小棉球，放上传感器，等到电压表显示值稳定后记录显示值，查湿度—输出电压曲线得到相应湿度值。实验完毕，关闭所有电源。

附录　其他辅助软件及设备使用说明

附录 A　软件用户手册

A.1　实验目的

熟悉数据采集系统在静态实验中的应用。

A.2　基本原理

数据采集系统（数据采集卡）对实验数据（模拟量）进行采集并与计算机（PC 机）通讯，再用计算机对实验数据进行分析处理。其原理如附图 1-1 所示。

附图 1-1　计算机数据采集原理

A.3　需用器件与单元

主机箱；显示面板中的 F/V 电压表、PC 接口、USB 连接线及配套《软件用户手册》、计算机（自备）。

A.4　实验步骤

（1）软件安装：

1）将"CDM21226_Setup 驱动"压缩包复制到 D 盘中并且解压缩得到"CDM21226_Setup"。

2）双击 CDM21226_Setup，一直点击下一步，直到驱动安装成功。

3）将"SensorProV3.0"压缩包复制到 D 盘中并且解压得到"SensorProV3.0"的文件夹。

4）双击"Setup"，一直点下一步，直到软件安装成功。

（2）实验操作：

1）将电脑 USB 接口与机身 USB 接口连接。

2）运行 SensorPro 程序，点击静态实验，出现附图 1-2 所示界面。

如果右上角的设备状态灯是暗的话，说明通讯没接上（解决方法：软件重新打开或者 USB 线插拔一下）。

3）Ai0 最大采集范围为-10V 到+10V。Ai1 是高精度采集通道，最大采集范围为-5V 到+5V（注意：实验过程中请勿超量程测试以免数据采集卡损坏）。

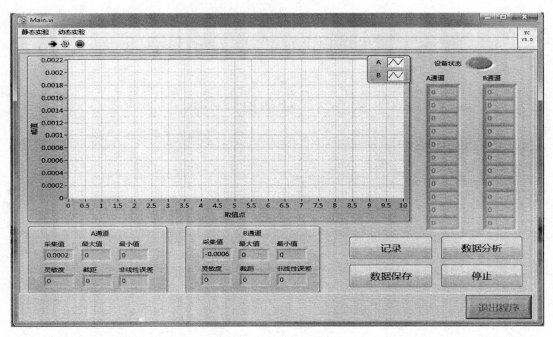

附图 1-2　静态实验界面

4）Ai2 动态实验最大采集范围为−10V 到+10V。

5）点击操作中的数据保存，弹出 word 表格，写上用户名称实验项目，然后点击保存按钮。

6）实验完毕，关闭所有电源。

静态采集界面各部分功能如下，各部分标号如附图 1-3。

① 静态、动态实验切换。

② 停止和运行键（仅限于采集界面的采集数据功能，对实验无用）。

③ 设备连接状态显示：亮说明通讯正常，暗说明通讯异常。

④ Ai0 最大采集范围为−10V 到+10V，显示记录的数据。

⑤ Ai1 是高精度采集通道，最大采集范围为−5V 到+5V，显示记录的数据。

⑥ Ai0 的数据分析显示框。

⑦ Ai1 的数据分析显示框。

⑧ 静态记录实验按键，点击一下记录一个数据。

⑨ 记录完 11 组数据后进行分析。

⑩ 保存实验数据。

⑪ 停止实验。

⑫ 退出软件。

动态采集界面如附图 1-4 所示。

图中各部分编号的功能如下：

① 采集频率，即板卡芯片 1 秒采集的数据个数。

② 缓存大小：软件对板卡单次取样数据。

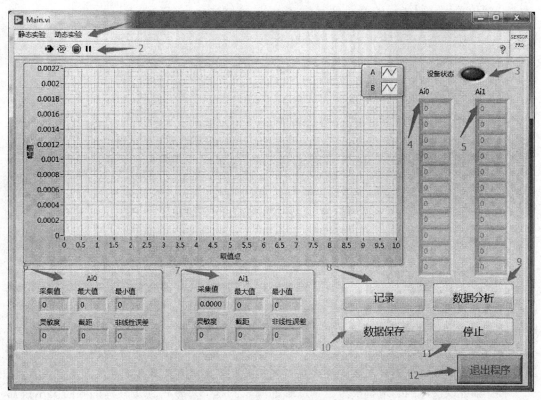

附图 1-3 静态实验界面功能说明图

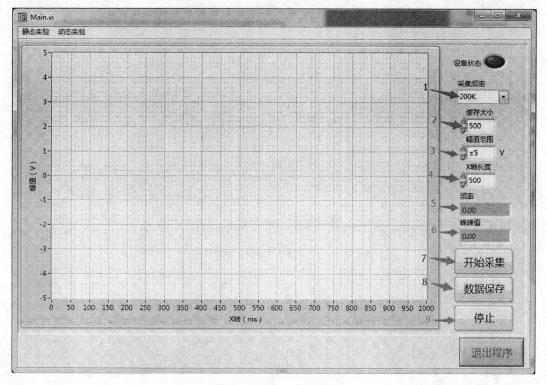

附图 1-4 动态采集界面

③ 幅值范围：纵坐标的范围。

④ X 轴长度：横坐标的范围。

⑤ 频率：显示当前波形频率值。

⑥ 峰峰值：显示当前波形峰峰值。

⑦ 开始采集：点击开始，记录波形。

⑧ 数据保存：保存实验数据。

⑨ 停止：停止实验。

* 注意：实验过程中连接 PC 接口后请勿通电下进行电源换挡，以免数据采集卡损坏。

附录 B　示波器使用手册

B.1　引言

不管是海浪、地震、音爆、爆炸、声音通过空气传播、还是人体运动的自然频率，都以正弦波的形式运动。如能量、振动粒子及其他看不见的力也分散在我们的物理空间中，即使是光线（部分是粒子、部分是波）也有基础频率，可以作为色彩进行观察。

传感器可以把这些力转换成电信号，然后使用示波器观察和分析这些信号。通过示波器，科学家、工程师、教育工作者等可以看到信号随时间变化的关系。

示波器可以快速准确地解决工程师面临的测量问题，可被视为工程师的眼睛。示波器的用途不仅局限于电子领域，而是可以测量各类现象，附图 1-5 说明了示波器可以采集的科学数据实例。从物理学家到维修技师，每个人都离不开示波器。汽车工程师使用示波器，把来自传感器的模拟数据与来自发动机控制单元的串行数据关联起来；医学研究人员使用示波器测量脑电波，示波器的用途可以说是十分广泛。

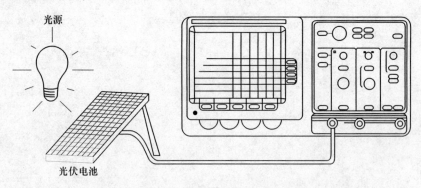

附图 1-5　示波器采集的科学数据实例

B.2　示波器

示波器是一种图形显示设备，它绘制了一个电信号图形。在大多数应用中，这个图形显示信号怎样随时间变化，其中纵轴（y）表示电压，横轴（x）表示时间。显示辉度或者亮度有时成为 z 轴。如附图 1-6 所示。简单的图形可以告诉你有关信号的很多东西，如：

（1）信号的时间值和电压。

（2）振动信号的频率。

（3）信号表示的电路"运动部件"。

（4）信号特定部分相对于其他部分发生的频率。

（5）有故障的元件相对于其他部分发生的频率。

（6）有故障的元件是否会使信号失真。

（7）多少信号是直流？多少信号是交流？

（8）多少信号是噪声？噪声是否随时间变化？

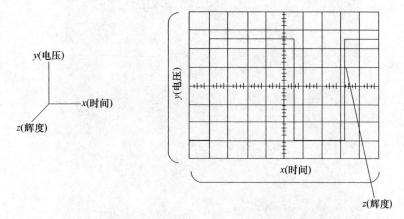

附图 1-6 显示波形的 x、y 和 z 轴成分

　　示波器可以分为模拟示波器和数字示波器。与模拟示波器相比，数字示波器采用模数转换器（ADC）将测得电压转换成数字信息，它作为一串样点采集波形，然后存储这些样点，直到积累足够的样点，描述波形。然后示波器会重组波形，显示在屏幕上，如附图 1-7 所示。

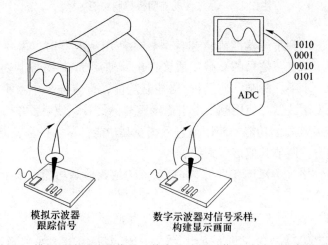

附图 1-7 模拟示波器跟踪信号，数字示波器对信号采样，构建显示画面

　　数字示波器与模拟示波器可以显示测量范围内的任何频率信号，相比模拟示波器，数字示波器的稳定性、亮度和清晰度更好。

B.3　示波器的系统及其控制功能

一般的示波器由四种不同的系统组成：垂直系统（Vertical）、水平系统（Horizontal）、触发系统（Trigger）和显示系统（Display），如附图 1-8 所示。通过了解每个系统，您可以有效运用示波器，处理特定的测量挑战。

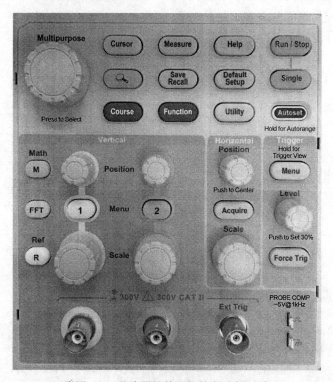

附图 1-8　示波器的前面板控制功能区域

每个系统都会影响到示波器准确重建信号，在使用示波器时，需要调节三个基本设置，适应输入信号。垂直：信号的衰减或放大程度，使用伏特/格控制功能，把信号幅度调节到所需的量程。水平：时基，使用秒/格控制功能，设置屏幕中水平方向表示每格时间数量。触发：触发示波器。使用触发电平稳定重复的信号，或触发单个事件。

（1）垂直系统及其控制功能。使用垂直系统及其功能，可以在垂直方向上定位和定标波形，设置输入耦合，调节其他信号条件。

1）位置和伏特/格（VOLTS/DIV）。垂直系统的位置控制功能可以上下移动信号，调整信号在屏幕上的位置。

垂直系统的伏特/格（VOLTS/DIV）可以调整波形显示的尺寸。如果伏特/格（VOLTS/DIV）设置为 5V，整个屏幕从下到上一共 8 个格子，那么整个屏幕能够显示40V。如果伏特/格（VOLTS/DIV）设置为 0.5V，那么屏幕从下到上能够显示 4V。依次类推，屏幕上可以显示的最大电压等于伏特/格（VOLTS/DIV）设置值乘以竖格数量。

2）输入耦合。耦合指把信号从一条电路连接到另一条电路所使用的方法。在用示波器进行测量时，输入耦合是把信号从测试电路连接到示波器。耦合可以设置成 DC（直流）、AC（交流）或接地。DC 耦合显示输入信号的所有信息，AC 耦合封锁信息的 DC 成分，因此可以看到以 0V 为中心的波形。附图 1-9 说明了 DC 耦合与 AC 耦合的差异，可以看出在 AC 耦合情况下，示波器显示的信号滤除了 2V 直流信号，只显示交流信号。AC 耦合设置适合用于整个信号（交流+直流）对伏特/格（VOLTS/DIV）设置太大的情况。

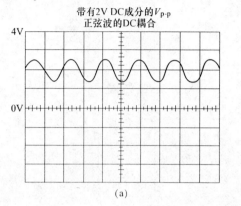
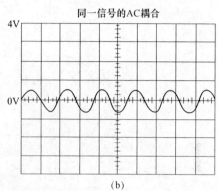

附图 1-9　AC 和 DC 输入耦合

（a）DC 耦合；（b）AC 耦合

接地耦合把输入信号从垂直系统断开，让您看到 0V 位于屏幕上哪个地方，在接地输入耦合自动触发模式下，在屏幕上会看到一条横线，这条横线表示 0V。从 DC 切换到接地，然后再切换回去，增益可以方便地测量出相对于接地的信号电压的电平。

3）带宽限制。大多数示波器有一个功能，可以限制示波器的带宽。通过限制带宽，可以降低显示的波形上出现的噪声，得到更干净的信号。注意在消除噪声的同时，带宽限制还会降低或消除高频信号成分。

（2）水平系统及其控制功能。水平系统与输入信号采集关系最为密切，这里要考虑的因素包括采样率和记录长度。水平控制功能用来水平方向定位和定标波形。

1）位置和秒/格。水平位置控制功能能左右移动波形，把波形移动到屏幕上想要的位置。

秒/格设置（通常写作 SEC/DIV）允许选择在屏幕上绘制波形的速率（也称为时基设置或扫描速度）。这个设置是标度因数，如果设置是 1ms，那么每个横格代表 1ms，屏幕总宽度代表 10ms 或 10 格。改变 SEC/DIV 设置可以观察输入信号更长及更短的时间间隔。

与垂直 VOLTS/DIV 标度一样，水平 SEC/DIV 标度可以调节，允许在设置范围之间离散的设置水平标度。

2）时基选择。示波器有一个时基，通常称为主时基。许多示波器还有称为延迟时基的时基，这个时基带有扫描功能，可以相对于主时基扫描余弦约定的时间启动（或触发启动）扫描。使用延迟的时基扫描可以更清楚地观察事件，看到仅使用主时基扫描看不到的事件。

延迟时基要求设置时间延迟，使用延迟触发模式。

（3）触发系统及其控制功能。示波器的触发功能可以使示波器在正确的信号点同步水平扫描，对清楚地测量信号至关重要。触发控制功能可以稳定重复的波形，捕获单次波形。通过重复显示输入信号的同一部分，触发功能使重复的波形能够稳定地显示在示波器屏幕上。如果每次扫描都从信号不同位置开始，那么可以想象屏幕上有多乱，如附图 1-10 所示。

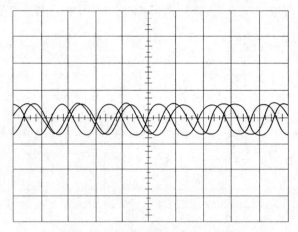

附图 1-10　没有触发的显示画面

　　模拟示波器和数字示波器提供的边沿触发是基本的、也是最常用的触发类型。除了模拟示波器和数字示波器提供的门限触发外，许多示波器提供了多种专用触发设置。这些触发对进入信号的特定条件作出响应，可以简便地检测出宽度比较窄的脉冲。单纯使用电压门限触发，是不可能检测到这种情况的。

　　1）触发位置。水平触发位置控制功能只能在数字示波器上提供。触发位置控制功能可能位于示波器水平控制区域。它实际上表示的是波形中触发的位置。

　　通过改变水平触发位置，可以捕获触发时间前的信号操作，这称为预触发观察功能，决定了触发点前面和后面可以观察的信号长度。

　　数字示波器可以提供预触发观察功能，因为他们一直处理输入信号，不管是否收到触发。稳定的数据流流经示波器，触发只是告诉示波器在存储器中保存当前数据。

　　相比之下，模拟示波器只收到触发后才显示信号，也就是在 CRT 上写入数据。因此模拟示波器没有提供预触发观察功能，垂直系统中的延迟线提供少量预触发的除外。

　　预触发观察功能提供了重要的调试辅助工具。如果问题间歇发生，可以触发问题，记录导致问题的事件，可能会找到问题的原因。

　　2）触发源。示波器不一定要触发显示的信号。多个触发源可以触发扫描：①任意输入通道。②应用到输入通道中的信号之外的外部来源。③电源信号。④示波器从一条或多条输入通道内部定义的信号。

　　在大多数时间内，可以把示波器设置成触发显示的通道。某些示波器提供了一个触发输出，为另一台仪器提供触发信号。

　　示波器可以使用交替触发源，不管其是否显示，但应注意不要在显示通道 2 时无意触发通道 1。

　　3）触发模式。触发模式决定着示波器是否根据信号条件绘制波形。常用的触发模式包括正常触发模式和自动触发模式。

在正常模式下，只有在输入到达设置的触发点时，示波器才会扫描，否则屏幕是空白的（模拟示波器），或是冻结在最后采集的波形上（数字示波器）。正常模式时可能会迷失方向，因为如果电平控制功能条件不当，起初可能看不到信号。

在没有触发时，自动模式下示波器依然会扫描信号。如果不存在信号，示波器里面的定时器会触发扫描。

在实践中，可能要同时使用这两种模式：正常模式和自动模式，在正常模式下，它可以只观察所关心的信号，即使触发发生速率较慢；在自动模式下，要求的调节较少。

许多示波器还包括单一扫描专用模式、视频信号触发或自动设置触发电平功能。

4）触发耦合。正如可以为垂直系统选择 AC 耦合或 DC 耦合一样，也可以为触发信号选择耦合类型。

除了 AC 和 DC 耦合外，示波器可能还有高频抑制、低频抑制及噪声抑制触发耦合功能。这些专业设置适合从触发信号中消除噪声，防止假触发。

（4）显示系统及其控制功能。示波器的前面板包括显示屏、旋钮、按钮、开关和指示灯，用来控制信号采集和显示。如本节前面所述，前面板控制功能通常分成垂直区域、水平区域和触发区域。显示屏的主要功能即为显示信号。

附图 1-11 所示为示波器的显示画面。注意屏幕上的格线，每条竖线和横线构成一个大格。格线通常采用 8×10 格或 10×10 格的布局模式。示波器控制功能上的标签（如 VOLTS/DIV 和 SEC/DIV）可以调整一个大格代表的数值。许多示波器在屏幕上显示每个竖格表示多少伏特，每个横格表示多少秒。

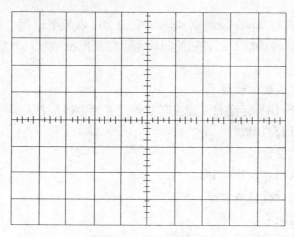

附图 1-11　示波器格线

B. 4　设置与使用示波器

本节简单介绍要怎么设置与使用示波器，主要是怎么实现正确接地、设置示波器控制功能、校准示波器、连接探头、补偿探头。

（1）正确接地。示波器正确接地可以防止用户受到电击，用户正确接地可以防止电路受到损坏。示波器接地意味着把示波器接到电气中性的参考点上，将示波器三头电源线插到连接接地装置的插座上，实现示波器接地。示波器接地对人身安全是必须的。

如果你正在处理集成电路，你也需要让自己接地。集成电路有微小的传导路径，用户身体中积聚的静电可能会损害这些路径。在地毯上走动或脱下外套、然后触摸集成电路引线，就可能会毁掉一块昂贵的集成电路，为了解决这个问题，应戴上接地腕带，如附图 1-12 所示。接地腕带可以把人体中的静电安全地传达到接地装置上。

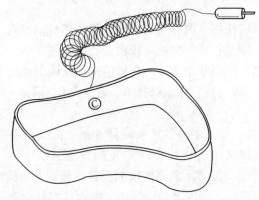

附图 1-12 典型的接地腕带

（2）设置控制功能。一般的示波器的前面板分为三个区域：垂直区域、水平区域和触发区域。根据型号不同，可能还存在其他区域。将示波器的输入连接器与探头连接。大多数示波器至少有两条输入通道，每条输入通道可以在屏幕上显示一个波形。多条通道适合用于波形的比较。

一般地，示波器拥有 autoset 和/或 default 按钮，可以按下这两个按钮来自适应信号。如果您的示波器没有这种功能，最好把控制功能设置到标准位置，然后再进行测量，具体步骤如下：

1）把示波器设置成显示通道 1。

2）把垂直 VOLTS/DIV 标度和位置控制功能设置到中挡位置。

3）关闭可变 VOLTS/DIV。

4）关闭所有放大设置。

5）把通道 1 输入耦合设置成 DC。

6）把触发模式设置成自动触发。

7）把触发源设置成通道 1。

8）把触发释抑旋钮旋转到最小或关闭。

9）把水平 time/division 和位置控制功能设置到中挡位置。

10）调节通道 1 的 VOLTS/DIV，在不产生信号失真的情况下，让信号占用 10 个竖格中尽可能多的格。

（3）校准仪器。除了正确设置示波器外，推荐定期自行校准仪器，以准确地进行测量。如果自上次自行校准以后环境温度变化幅度超过 5℃，那么就需要进行校准，或者每周校准一次。在示波器菜单中，有时这可以作为"Signal Path Compensation"（信号路径补偿）启动。更详细的需要参考示波器随附手册。

（4）连接探头。在测量之前需要把探头接到示波器上，如果与示波器匹配好，探头可以发挥示波器的所有处理能力和性能，确保测量信号的完整性。

测量一个信号要求两个连接：探头尖端连接和接地连接。探头通常带有一个夹子连接装置，用来把探头接到被测电路的参考地上。在实践中，可以把接地夹子连接到电路中的已知参考地（GND）上，如维修产品的金属机箱，然后使探头尖端接触电路中需要测试的点。

（5）补偿探头。无源衰减电压探头必须对示波器进行补偿。在使用无源探头前，必须先补偿探头，以使其电气特点与特定示波器均衡。探头调节差会降低测量精度，应该养成每次设置示波器时都补偿探头的习惯。附图 1-13 说明了使用补偿不当的探头对 1MHz 测试信号的影响。

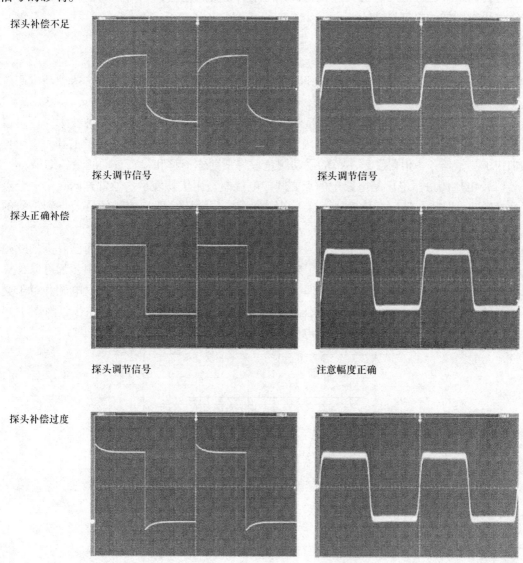

探头补偿不足

探头调节信号　　　　　　　　　　探头调节信号

探头正确补偿

探头调节信号　　　　　　　　　　注意幅度正确

探头补偿过度

探头调节信号　　　　　　　　　　注意幅度提高

附图 1-13　探头补偿不当的影响

大多数示波器在前面板右下角的一个端子上提供一个方波参考信号，用来补偿探头。补偿探头的过程如下：

1）把探头连接到一条垂直通道上。

2）把探头尖端连接到探头补偿信号上，即方波参考信号上。

3）把探头接地夹子连接到参考地上。

4）观察方波参考信号。

5）正确调节探头，使方波的角是方的。

在补偿探头时，如果探头使用了任何辅助连接的尖端部件一定要注意连接该辅助尖端部件进行探头补偿，然后把探头连接到打算使用的垂直通道上，这可以保证示波器拥有与进行测量时同样的电气属性。

B.5 示波器测量技术

示波器最基本的测量是电压测量和时间测量，几乎其他测量都是基于这两种基本测量技术的一种。

本节讨论在示波器屏幕上目视测量的方法，这是模拟仪器中常用的一种技术，也可以用来"一目了然"地理解数字示波器画面。大多数数字示波器包括自动测量工具，这简化和加快了测量任务，但是了解本节的手动测量，将帮助你了解和检查自动测量的结果。

（1）电压测量。电压是电路中两点之间的电位差，用伏特表示。通常这两点中一个点接地（0V），但并不是一直是接地。这可以测量峰峰值电压，即从信号的最大点到信号的最小点。因此，必须指明测量的是哪两点的电压。

示波器主要是一种电压测量设备，一旦测量了电压，其他量只是计算而已。例如欧姆定律规定，电路中两点之间的电压等于电流乘以电阻，因此从任意两个量中，都可以计算出第三个量。另一个公式——功率定理，表明直流信号的功率等于电流乘以电压。对于交流信号的计算比较复杂，但是测量电压依然是计算交流信号其他量的第一步。附图 1-14 显示了一个峰值电压（V_p）和峰峰值电压（V_{p-p}）。

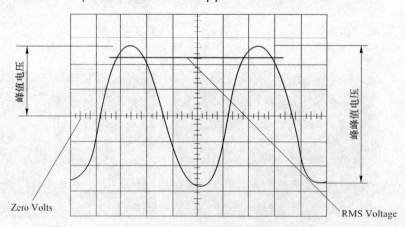

附图 1-14　峰值电压（V_p）和峰峰值电压（V_{p-p}）

进行电压测量最基本的方法是计算一个波形在示波器垂直标度上跨越的格数。调节信号，在垂直方向上覆盖大多数显示画面，可以进行最佳的电压测量，如附图 1-15 所示。使用的显示区域越多，能够读取测量数据的精度越高。

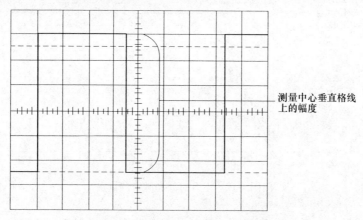

附图 1-15 测量中心垂直格线上的电压

另外，许多示波器带有光标，允许自动进行波形测量而不必计算格数。光标是一条简单的可以在显示画面中移动的线。两个水平光标线可以上下移动，可以测量上下光标线之间信号的幅度。两条垂直光标线也可以左右移动，可以测量左右光标线之间的时间。读数显示了其位置上的电压或者时间。

（2）时间与频率的测量。可以使用示波器的水平标度进行时间测量。时间测量包括测量脉冲的周期和脉宽。频率是周期的倒数，因此如果知道周期，那么用 1 除以周期，就可以得到频率。与电压测量一样，在把被测信号的部分调节到覆盖显示画面大部分区域时，可以提高时间测量的精度，如附图 1-16 所示。

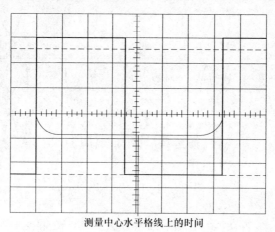

测量中心水平格线上的时间

附图 1-16 测量中心水平格线上的时间

（3）脉宽和上升时间的测量。在许多应用中，脉冲信号也非常重要。标准的脉冲信号测量就是测量脉冲上升时间和脉宽。上升时间是脉冲从低压变成高压所需的时间量。依据惯例，上升时间指从脉冲全部电压的 10%上升到 90%的时间，这消除了脉冲跳变角上的任何不规则性。脉宽是脉冲从低到高，然后再从高到低所用的时间量。依据惯例，脉宽在全部电压的 50%处测得。附图 1-17 说明了这些测量点。

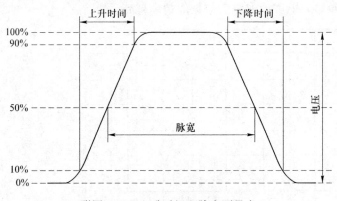

附图 1-17 上升时间和脉宽测量点

（4）相移测量。测量相移是两个一模一样的周期信号之间定时差的方法之一，使用 XY 模式，XY 测量技术来源自模拟示波器。这种测量技术需要把一个信号像往常一样输入垂直系统，然后把另一个信号输入到水平系统中，成为 XY 测量，因为 x 轴和 y 轴都跟踪电压。这一排列产生的波形成为 Lissajous 码型（以法国物理学家 Jules Antoine Lissajous 的名字命名，读音为 LEE-sa-zhoo）。从 Lissajous 码型中可以区分两个信号的相位差异，还可以区分其频率比。附图 1-18 显示了各种频率比和相移的 Lissajous 码型。

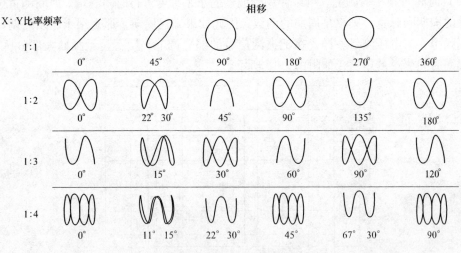

附图 1-18 Lissajous 码型

（5）其他测量技术。本节介绍了基本测量方法。其他测量技术则涉及示波器测试装配线上的电气元件、捕获难检的瞬态信号等等，使用的测量技术取决于应用，根据示波器的基本知识，进行实际操作即可。

参 考 文 献

[1] 熊诗波.机械工程测试技术基础[M]. 4 版. 北京:机械工业出版社,2018.

[2] 杨运强. 传感器与测试技术[M]. 第 1 版. 北京:冶金工业出版社,2016.

[3] 王柏雄.测试技术基础[M]. 第 2 版. 北京:清华大学出版社,2012.

[4] 陈花铃.机械工程测试技术[M]. 第 3 版. 北京:机械工业出版社,2019.

[5] 王化祥,张淑英.传感器原理与应用[M]. 天津:天津大学出版社,2005.

[6] 黄长艺,严普强.机械工程测试技术基础[M]. 北京:机械工业出版社,2000.

[7] 樊尚春,周浩敏.信号与测试技术[M]. 北京:北京航空航天大学出版社,2002.

[8] 吴正毅.测试技术与测试信号处理[M]. 北京:清华大学出版社,1991

[9] Beckwith T C, Marangoni R D, Lienhard J H V. Mechanical Measurements[M]. 5th ed. Addison-Wesley Publishing Company,1993.

[10] 刘习军,贾启芬. 工程振动理论与测试技术[M]. 北京:高等教育出版社,2004.

[11] 陈亚勇. MATLAB 信号处理详解[M]. 北京:人民邮电出版社,2001.

[12] 丛玉良. 数字信号处理原理及其 MATLAB 实现[M]. 北京:电子工业出版社,2009.

[13] Ernest O Doebelin. Measurement Systems Application and design [M]. 5th ed. 北京:机械工业出版社,2004.